U0166700

简单减肥餐，
好吃不反弹

萨巴蒂娜◎主编

中国轻工业出版社

初步了解全书

这本书
因何而生

- "减肥"两个字,对很多人来说不是一件容易的事,即便在事业上、生活上风生水起,也可能难倒在这两个字上。即便减肥成功,也只是暂时性的,反弹成了让人更加头疼的事情。
- 于是,便有了我们精选的这本食谱,帮助你从饮食上调节自己的身体,让身体更加健康地运转,帮助调节新陈代谢和内分泌水平,从内而外地帮助你减肥成功。

这本书
都有什么

- 我们从身体内部调节角度出发,按照其对于营养元素的需求来安排了这本精选减肥食谱。

  其中,能量满满的优质蛋白,为你补充最基础的能量,同时让你在减脂之路上尽量不要摄入过多的碳水化合物;

  为了营养均衡的需求,我们还安排了多彩的维生素,用蔬菜、水果、菌类等多种食材搭配健康饮食,丰富你的餐桌;

  减肥当然不能采用饥饿法,正常的饱腹感是必须的,所以健康饱腹的膳食纤维,既能为你提供一餐应有的满足感,同时还能促进新陈代谢;

  当然,滋润补水的菜品也不可或缺,它们对你的皮肤润泽以及各个器官的正常运转都起着不可替代的作用。
- 除此之外,我们还以流程导图的形式呈现烹饪步骤,核心步骤冠以醒目的分类标识,让每一步的衔接清晰明了。
- 每道菜都标明了参考热量,让你对热量信息一目了然,心中有数。

看着名字
就流口水

需要用到的食材
一目了然

品尝菜肴也
是有情怀的

时间、难易
度、总热量
清楚明了

葱香扑鼻，一纸鱼味
纸包鱼柳

主料 巴沙鱼柳 200 克
辅料 油 2 汤匙
蒸鱼豉油 2 汤匙
小葱 20 克

巴沙鱼柳无骨无刺，整片鱼柳很好烹饪，作为蛋白质来源是很好的。忙的时候，只需包起菜肴一烤，肉质鲜嫩、葱香下饭，胜在快捷，吃得舒服。

准备
1. 烤箱180℃预热。小葱切细末。巴沙鱼化冻，洗净。
2. 用厨房纸按压擦干巴沙鱼表面的水。

烤制
3. 在烤盘上依次放上锡纸、烘焙纸，中间摆上巴沙鱼。
4. 先用烘焙纸折叠包裹好巴沙鱼，再用锡纸包裹固定。送入烤箱中层，烧15分钟。
5. 送入烤箱中层，烧15分钟。

调味
6. 炒锅烧热，加油、小葱，小火炒至葱白焦黄，小葱末浮起。
7. 加入蒸鱼豉油和1汤匙清水，烧开即可关火。
8. 取出巴沙鱼柳装盘，淋上1汤匙葱油即可。

烹饪秘笈
1. 将小葱切末炸葱油，用时短，黑面的小葱吃起来也方便。
2. 葱油可以一次多做一些，拌面、拌饭都好吃。

脑图式操作
环节，全流
程一览无余

详尽直观的
操作步骤让
你简单上手

烹饪秘籍，让
你与美味不再
失之交臂

044
045

为了确保菜谱的可操作性，本书的每一道菜都经过我们试做、试吃，并且是现场烹饪后直接拍摄的。

本书每道食谱都有步骤图、烹饪秘籍、烹饪难度和烹饪时间的指引，确保你照着图书一步步操作便可以做出好吃的菜肴。但是具体用量和火候的把握也需要你经验的累积。

书中部分菜品图片含有装饰物，不作为必要食材元素出现在菜谱文字中，读者可根据自己的喜好增减。

书中菜品的制作时间为烹饪时间，通常不含食材浸泡、冷藏、腌制等准备时间。

减肥就得好好吃饭

你试过多少次低热量减肥了？短时间内摄入很少的热量，的确可以瘦下来。但是第一，你不能坚持一辈子都吃这么少，第二，可能很快就反弹。

我几乎用了二十年的时间，反反复复减肥，最终才明白，身体肥胖其实是一种亚健康甚至不健康状态，基础代谢也出了问题。要想减肥，得先让身体状态好起来，要想让身体状态好起来并且恢复正常的新陈代谢，就得学会好好吃饭。

有一句英文说得好：You are what you eat.

充足的蛋白质、优质的脂肪、适度的碳水、大量的蔬菜，这是建议你要采取的饮食方式。不要一口肥肉都不吃，不要用水果替代绿叶蔬菜，不要熬夜，不要吃太多的零食，多喝水，少喝或者不喝碳酸饮料，经常运动，这一切，都是为了让你将身体调整到健康的状态。

我现在每天走路一万步，但不会透支体力，如果当天太累那就不运动。我每天都自己做饭吃，肉类、蔬菜和粗粮是我主要摄取的食物。我特别爱吃五花肉，还有带鸡皮的鸡腿肉；特别爱吃萝卜、小番茄、西蓝花还有茄子。我没有刻意节食，什么都吃一点儿，关键在于适度、均衡。结果你猜怎么着？我不但比以前吃得好了，精力充沛，体重还在缓慢下降。

所以，减肥不仅要好好吃饭，还要好好爱护自己，好好生活。

希望您从这本书里可以获得一些帮助。

高欣茹

萨巴蒂娜
个人公众订阅号

萨巴小传：本名高欣茹。萨巴蒂娜是当时出道写美食书时用的笔名。曾主编过八十多本畅销美食图书，出版过小说《厨子的故事》，美食散文集《美味关系》。现任"萨巴厨房"主编。

 敬请关注萨巴新浪微博　www.weibo.com/sabadina

目录

1 Chapter
能量满满的
优质蛋白

牛排粒墨西哥
塔可
016

燕麦
牛肉串
018

紫薯牛排沙拉
019

牛肉能量沙拉
020

玉米牛肉豌豆沙拉
021

盐煎南瓜牛里脊沙拉
022

低卡鸡肉串
沙拉
036

意式鸡肉烤吐司
沙拉
037

墨西哥鸡丝卷
沙拉
038

豆腐鸡丝荸荠
沙拉
039

豆腐皮鸡肉卷
沙拉
040

橙香鸭肉沙拉 +
胡萝卜橙汁
042

纸包鱼柳
044

烧汁巴沙鱼
046

柚子三文鱼沙拉 + 酸奶浆果思慕雪
048

黑芝麻金枪鱼沙拉
049

盐烤鳕鱼秋葵沙拉
050

青柠白灼虾
052

培根带子卷沙拉
063

香煎带子苹果
沙拉 + 芹菜
苹果柠檬汁
064

夏威夷海鲜沙拉 +
彩色"鸡尾酒"
果汁
066

曼谷风情海鲜沙拉
068

小蘑菇咕嘟豆腐
070

嫩豆腐泡菜沙拉
071

奶酪番茄吐司条
072

五彩拌菜
074

蘸水时蔬
076

红烩烤时蔬
077

彩虹蔬菜沙拉
078

彩椒藕丁沙拉
080

小木耳酸辣藕丁
082

法式芥末秋葵沙拉
090

黑椒汁小杏鲍菇
091

杏鲍菇沙拉
092

西蓝花口蘑沙拉
093

姜汁菠菜
094

白灼芥蓝
095

快炒荷兰豆
096

海藻沙拉
097

日式暖姜味噌沙拉
098

日式圆白菜沙拉
099

酸辣海米莴笋沙拉
100

泰式白萝卜沙拉
102

樱桃萝卜沙拉
103

酸甜黄瓜沙拉
104

豆苗肉松沙拉
105

蒜香荷兰豆沙拉
106

银耳芝麻菜沙拉
108

百香果淋汁沙拉 +
百香果茉莉花茶
121

黑椒罗勒
冰番茄
117

春日草莓
沙拉
118

西瓜草莓薄荷沙
拉 + 蜂蜜西瓜汁
120

水果酸奶沙拉 +
山竹火龙优酪乳
122

彩虹水果
沙拉
124

西柚沙拉 +
西柚酸奶
126

4
Chapter

滋润补水

黄瓜片汤
176

萝卜丝汤
177

番茄杂蔬汤
178

南瓜羹
179

青菜鱼丸竹荪汤
180

酸辣牛丸汤
181

牛奶南瓜汁
182

蛋白粉玉米奶
183

鲜百合雪梨汁
184

时令水果红茶
185

计量单位对照表

1 茶匙固体材料 =5 克
1 汤匙固体材料 =15 克
1 茶匙液体材料 =5 毫升
1 汤匙液体材料 =15 毫升

自制沙拉酱的做法

🥄 蛋黄沙拉酱

特点

口感浓滑，香醇细腻

材料

蛋黄 2 个 | 白糖 1 汤匙 | 橄榄油 200 毫升
白醋 2 汤匙 | 盐 10 克

这款沙拉酱是经典美乃滋的变身，经过改良后热量更低，它几乎适用于任意种类的沙拉，无论是蔬果还是肉类，全都搭配得相得益彰。制作好后密封冷藏保存即可。

做法

❶ 将蛋黄放入碗中，加入白糖，用打蛋器搅拌至白糖化开、蛋黄颜色变浅而且体积变大。

❷ 接着倒入 20 毫升橄榄油，朝一个方向用力搅拌。

❸ 感觉搅拌浓稠时，加入 1 小勺白醋搅拌，再加入 20 毫升橄榄油搅拌，如此反复，边搅拌边轮流加入白醋和橄榄油。

❹ 搅拌达到理想的稀稠程度，放入盐进行调味，拌匀即可。

🥄 油醋汁

特点

轻盈，酸郁，香醇

材料

橄榄油 30 毫升 | 白醋 4 汤匙 | 白糖 30 克
黑胡椒碎适量 | 盐适量

做法

❶ 取干净的碗，依次放入白糖、盐、黑胡椒碎、白醋和橄榄油。

❷ 用小勺将酱汁搅拌均匀即可。

油醋汁是基础沙拉酱汁，可以根据个人口味添加调味料，如芥末酱、柠檬汁或者蜂蜜等。制作这款酱汁，醋的选择可以多种多样，如白醋、米醋、苹果醋等。适用于蔬菜、肉类、蛋类及奶制品沙拉。

🥄 日式芝麻沙拉酱

特点

浓郁，甜咸，香醇

材料

香油 2 汤匙｜白芝麻 20 克｜白糖 3 茶匙
生抽 3 汤匙｜洋葱末适量｜柠檬汁适量

做法

❶ 白芝麻洗净，沥干
后放在平底锅中用小火
焙香，再用擀面杖碾碎。

❷ 取小碗，放入香油、
白糖、生抽和洋葱末，
倒入柠檬汁，进行搅拌。

❸ 接着撒入白芝麻碎，
搅拌均匀即可使用。

白芝麻经过烤制，才能够散发出香味，配上香油更加相得益彰。碾压后的白芝麻营养更容易被人体吸收。自制日式芝麻沙拉酱适合与海鲜和蔬菜搭配在一起。如果怕麻烦，直接购买市售焙煎芝麻沙拉汁也是可以的。

🥄 韩式蒜蓉沙拉酱

特点

香甜，微辣，解腻

材料

韩式辣酱 4 茶匙｜鱼露 1 汤匙｜姜末 20 克
蒜末 20 克｜盐适量｜白糖适量｜黑胡椒碎适量

做法

❶ 取一小碗，放入韩
式辣酱和鱼露，搅拌
均匀。

❷ 再放入剩下材料，搅
拌均匀即可使用。

市售的韩式辣酱中通常原材料都会有苹果，甜辣中有丝丝果香。不喜欢辣味的人换成韩式甜面酱也可以。适用范围广泛，可与海鲜、蔬菜、肉类以及奶制品进行搭配。

🥄 泰式酸辣酱

特点

辣爽可口，增加食欲

材料

朝天椒 10 个 │ 橄榄油 20 毫升 │ 鱼露 20 毫升
白醋 4 汤匙 │ 蒜末 20 克 │ 姜末 20 克
香菜末 10 克 │ 白糖 20 克 │ 盐适量
柠檬汁适量

做法

❶ 朝天椒洗净，切成
碎末。

❷ 将朝天椒末和所有材
料搅拌均匀即可使用。

鱼露又称鱼酱油，是东南亚料理中常用的水
产调味品，味道自带咸味和鲜味，所以制酱
过程中不需要再加盐。朝天椒选用新鲜红色
的最好，与各种食材充分融合，口感会更好。
非常适合与各种海鲜搭配在一起食用。

🥄 酸奶沙拉酱

特点

香甜，轻盈，低脂，细腻

材料

低脂酸奶 100 毫升 │ 低脂牛奶 50 毫升
橄榄油 4 茶匙 │ 白醋 4 茶匙 │ 盐适量

做法

❶ 将低脂酸奶和低脂牛
奶倒入碗中，搅拌均匀
后再放入盐、白醋和橄
榄油。

❷ 用筷子或小勺将酱汁
搅拌均匀即可。

常规的沙拉酱汁往往热量较高，含有大量
的油脂，阻碍了瘦身的脚步。这款沙拉酱
选取低脂酸奶和低脂牛奶是为了最大限度
地降低热量。这两种食材在超市都容易买
到，但不宜选用中式老酸奶做原料，因其
含糖量比较高。如果有条件，可以在家自
制酸奶。低脂酸奶沙拉酱适用于水果类和
蔬菜类沙拉。

🥄 海鲜沙拉酱

特点

层次丰富，解腻，清爽

材料

原味海鲜酱 40 克 | 料酒 2 汤匙 | 生抽 4 茶匙
白糖适量 | 蒜末 15 克

做法

❶ 将原味海鲜酱、料酒、生抽、白糖、蒜末依次放入碗中。

❷ 用筷子或小勺将酱汁搅拌均匀即可。

采用市售的海鲜酱即可，可根据个人口味选择虾酱、牡蛎酱等。一般成品海鲜酱中已经含有油、盐和糖，所以不需要再放。料酒和生抽都是液体酱汁，可以调和沙拉酱的浓度。如果想让沙拉酱浓度更稀，加入适量凉开水也是可以的。

🥄 法式芥末沙拉酱

特点

香辛，酸甜，解腻，清爽

材料

第戎芥末酱 20 克 | 橄榄油 20 毫升
柠檬 1 个 | 蜂蜜 1 汤匙

做法

❶ 将柠檬汁挤入第戎芥末酱中，搅拌均匀。

❷ 再加入橄榄油、蜂蜜，搅拌均匀即可食用。

这款沙拉酱略带刺激口感和甜味，制作时先将半固体的食材搅拌均匀，再与橄榄油混合，能够丰富沙拉酱的口感层次。适用范围广泛，可与海鲜、蔬菜、肉类以及奶制品进行搭配。

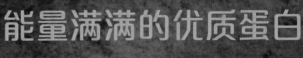

Chapter

1

能量满满的优质蛋白

感受牛排与塔可的热情
牛排粒墨西哥塔可

时间
20 分钟

难度
低

总热量
1094 千卡

主料　墨西哥玉米饼 4 张｜牛排 200 克
　　　圣女果 80 克｜紫洋葱 80 克
　　　牛油果 1 个｜奶酪丝 40 克
辅料　橄榄油 2 茶匙｜盐 1 茶匙
　　　黑胡椒 1 茶匙｜柠檬汁 1/4 茶匙
　　　绿辣椒汁 2 茶匙｜酸奶酱 1 汤匙

塔可，即墨西哥玉米薄卷饼。焦香的牛排加上多种蔬菜，包裹上纯玉米面的墨西哥饼，荤素搭配，营养均衡。每一口都是健康与美味的完美结合。

做法

制作牛肉粒 ➡ **烤制**

1　牛排两面撒盐、黑胡椒，腌制5分钟。

4　烤箱200℃预热，把墨西哥玉米饼挂在烤网上烤2分钟。取出，放凉。

2　平底锅烧热，加橄榄油1茶匙，放入牛排煎至五成熟。

制馅

3　盛出放在砧板上静置5分钟后，切成粒。

5　圣女果切块，紫洋葱切丝，牛油果切小块。

6　切好的蔬果放入大沙拉碗，加橄榄油、黑胡椒、柠檬汁、煎牛排的汁，拌匀。

成形

7　取一张墨西哥玉米饼放在手心，在饼皮里放入牛排粒和拌好的沙拉。

8　表面淋上酸奶酱和绿辣椒汁，撒上奶酪丝即可。

烹饪秘籍

1. 墨西哥玉米饼也可以放在平底锅里，单面加热使用。
2. 只需将玉米饼卷上肉和菜，卷一卷就可以吃了。饭菜合一，快捷又营养。

健康能量串串
燕麦牛肉串

时间	难度	总热量
20 分钟	低	480 千卡

🔥 添加了燕麦的牛肉馅，穿到竹扦上，并不麻烦却有趣。煎到焦香的牛肉串，里面还能吃到燕麦粒，每一口都很满足。补充蛋白质的同时还增加了粗粮的摄取。

主料 牛肉末 250 克 | 即食大燕麦片 30 克
洋葱 30 克 | 酸黄瓜 30 克
蛋液 25 克

辅料 橄榄油 2 茶匙 | 海盐 1 茶匙
黑胡椒碎 1/2 茶匙 | 大蒜 2 瓣
意大利香草碎 1/2 茶匙

做法

准备

1 洋葱、酸黄瓜、大蒜切成细小的粒。

2 在料理盆加入除橄榄油以外的所有材料，混合至牛肉馅发黏。

3 将肉馅分成8份，分别穿到竹扦上，做成肉串的形状。

煎制

4 平底不粘锅加橄榄油烧热，放入牛肉串，中小火煎至四面焦黄即可。

烹饪秘籍

牛肉串煎熟以后，可以刷一层化开的黄油提升口感。

主料　紫薯 1 个（约 200 克）
　　　牛排 200 克
辅料　甜玉米粒适量｜生菜叶 2 片
　　　紫甘蓝叶 1 片｜盐适量
　　　油醋汁（011 页）适量

低热量，高蛋白
紫薯牛排沙拉

时间　40 分钟
难度　中
总热量　386 千卡

做法

蒸制装盘

1　紫薯洗净，放入锅中煮熟或蒸熟。

2　剥去紫薯的外皮，切成约 2 厘米见方的小块。

3　生菜叶和紫甘蓝叶洗净，撕成适宜入口的小块。

煎制组合

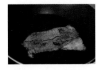
4　平底不粘锅中撒入薄薄的一层盐，将牛排两面煎至变色。可根据个人喜好控制火候，将牛排煎至所需的成熟度。

5　煎好后将牛排取出，改刀切成和紫薯大小差不多的牛肉粒。

6　将紫薯、牛排、甜玉米粒、生菜叶和紫甘蓝叶混合均匀，淋入适量油醋汁即可。

🔥　紫薯富含硒元素和花青素，具有防癌抗癌的功效，同时膳食纤维丰富，可以增加饱腹感，适合减肥人士作为主食食用。牛排则富含肌氨酸，有助于增长肌肉，增加肌肉力量。

烹饪秘籍

即食甜玉米粒罐头买回后不需要任何处理，可以直接拌沙拉食用。如果是鲜玉米粒或冷冻玉米粒，也可在沸水中汆烫半分钟左右，沥干后使用。

肉食者的最爱
牛肉能量沙拉

⏱ 时间 30 分钟	🔥 难度 低	☀ 总热量 279 千卡

主料 牛肉 200 克 | 圣女果 3 个（约 30 克）
生菜 3 片（约 50 克）
荷兰黄瓜 1 根（约 100 克）

辅料 盐少许 | 现磨黑胡椒粉少许
黄油少许

做法

腌制切备

1 用少许盐和黑胡椒粉按摩牛肉表面，静置10分钟左右，腌制入味。

2 腌好的牛肉切成2厘米见方的牛肉粒备用。

混合

3 生菜洗净，撕成小片；圣女果洗净，对半切开；荷兰黄瓜洗净，用削皮器削成薄片。

煎制

4 平底锅加热，放入黄油，小火化成液体。
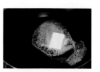

5 将牛肉粒放入锅中煎熟，酌情再撒入少许盐和黑胡椒粉提味。

组合

6 生菜、圣女果和黄瓜片铺于盘底，放上煎好的牛肉粒即可。

🔥 每一个健身的人都知道"三分练七分吃"的重要性。牛肉是增肌减脂的优选食材，如果你是一个健身狂人，就试试这份牛肉能量沙拉吧。

烹饪秘籍

牛肉的肉质比鸡肉、猪肉更紧致，不易咀嚼也不好消化。在烹饪之前用盐和黑胡椒粉按摩牛肉，不仅可以更入味，也会使牛肉的纤维变得松弛一些。
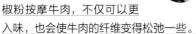

主料　速冻玉米粒 100 克｜牛肉 100 克
　　　新鲜豌豆粒 100 克｜胡萝卜 50 克
辅料　料酒 1 茶匙｜八角 3 颗｜花椒 3 克
　　　盐少许｜葱段 10 克｜干山楂片适量
　　　油醋汁（011 页）30 毫升

粗粮与红肉，减脂又增肌
玉米牛肉豌豆沙拉

时间	难度	总热量
70 分钟	中	401 千卡

做法

制作牛肉粒

1 将牛肉放入加过料酒的沸水中，大火煮 3 分钟后撇去血沫，捞出沥水。

2 另起一锅，加入八角、花椒、葱段和干山楂片，煮沸后放入牛肉，加少许盐，小火慢炖 45 分钟。

3 将煮好的牛肉捞出，放凉后切成边长约 1 厘米的方块状。

焯制组合

4 速冻玉米粒冲去浮冰，新鲜豌豆粒洗净，一起放入沸水中焯 1 分钟，捞出后沥干备用。

5 胡萝卜洗净，去掉表皮，切成小丁备用。

6 将牛肉丁、玉米粒、豌豆粒和胡萝卜丁一起放入沙拉碗中，淋上油醋汁，搅拌均匀即可。

🔥　牛肉是解馋又饱腹的健康红肉，适合需要增肌减脂的健美人士。配上简单处理即熟的蔬菜，保证营养又能吃得过瘾。

烹饪秘籍

牛肉不容易炖熟，山楂片的加入可以解决这个问题，同时能给牛肉带来别致的风味。

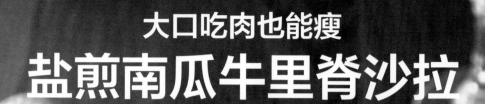

大口吃肉也能瘦
盐煎南瓜牛里脊沙拉

时间
40 分钟

难度
中

总热量
244 千卡

主料　南瓜 200 克｜牛里脊肉 100 克
　　　洋葱 50 克｜西蓝花 50 克
　　　胡萝卜 50 克
辅料　料酒 1 茶匙｜橄榄油 10 毫升
　　　盐少许｜现磨黑胡椒粉适量
　　　黑胡椒汁 30 毫升

🔥　南瓜煎熟后散发出一股甜甜的香气，搭配烘烤过的黑椒牛肉、爽口的洋葱和西蓝花来平衡口感，能全方位满足你。

做法

煎南瓜 ➜

1　烤箱180℃预热；南瓜洗净，切成约1.5厘米见方的小块，撒上少许盐和现磨黑胡椒粉。

2　平底锅烧热，刷薄薄一层橄榄油，依次放入南瓜块，加入30毫升开水，转小火慢煎，待水分挥发干、南瓜块变软后关火。

烤制

3　牛肉洗净，切成1.5厘米左右的小块，加入料酒腌渍5分钟，送入烤箱，以180℃烘烤20分钟。

焯烫组合 ←

6　将西蓝花和胡萝卜放入煮沸的淡盐水中，焯烫1分钟后捞出，沥干。

7　将以上处理好的食材一起放入沙拉碗中，淋上黑胡椒汁即可食用。

切备 ←

4　洋葱洗净、去皮、去根，切成2厘米左右的小块。

5　西蓝花去掉梗，切成适口的小朵，入淡盐水中浸泡洗净，沥干；胡萝卜洗净、去根，先竖着对切后再斜切成薄片。

烹饪秘籍

南瓜尽量切得小一点，这样才容易成熟。

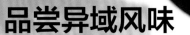

品尝异域风味
泰式牛肉芒果沙拉

时间
60 分钟

难度
中

总热量
394 千卡

主料 牛排 1 块（约 150 克）
芒果 1 个（约 120 克）
叶生菜 50 克

辅料 泰式酸辣酱（013 页）30 克｜生抽 1 汤匙
料酒 1 茶匙｜黑胡椒碎适量
橄榄油 1 茶匙｜花生碎 10 克

🔥 芒果富含膳食纤维，经常食用有清肠和防便秘的功效，与牛肉搭配，一道口感丰富的沙拉就出来了。

做法

准备 ➡️ **煎制**

1 牛排清洗干净，用厨房纸巾吸干表面的水，放入盘中。

2 加入生抽、料酒和黑胡椒碎，与牛排一起腌制，时间30分钟左右。

3 叶生菜洗净，去掉老叶，撕成适口的块状备用。

4 芒果去皮，去掉果核，切成块状待用。

5 平底锅烧热，在锅底均匀刷上薄薄一层橄榄油，放入腌制好的牛排，小火煎2分钟后翻面，继续煎2分钟，关火。

6 将煎好的牛排盛出，放凉，切成小块备用。

调味组合 ⬅️

7 将芒果、叶生菜与牛排一起装盘，搅拌均匀，淋上泰式酸辣酱。

8 撒上花生碎点缀，即可食用。

烹饪秘籍

煎牛排的时间可以根据牛排的厚度来进行调整，如果较厚，煎制的时间就要稍微久一点。

简简单单，热气腾腾
简版小火锅

时间
15 分钟

难度
低

总热量
623 千卡

主料 羊肉片 250 克 | 娃娃菜 100 克
      冻豆腐 100 克 | 番茄 100 克
      绿豆粉丝 50 克 | 枸杞子 5 克
      海米 2 个
辅料 大葱 10 克 | 姜片 5 克 | 孜然粒 5 克
      小葱 5 克 | 香菜 5 克 | 大蒜 5 克
      小米辣 1 个 | 涮羊肉蘸料 2 个

为了能够摄取多种营养，在一餐中尽量让食物种类多样化，避免某类食物过量摄取，充分考虑营养均衡和热量的摄取。涮羊肉也能清清淡淡，将经典的食材，都煮在小小的一锅里，全齐活儿了。

做法

准备汤底 —1

娃娃菜切段，冻豆腐化冻，番茄切4块，绿豆粉丝用温水泡软。

2

浅炖锅内加入1升水和海米大火烧开。

3

将大葱、姜片、孜然粒、枸杞子放进调料包，加入炖锅中。

混合煮制 —4

先将冻豆腐、番茄加入锅中炖5分钟。

5

依次加娃娃菜、绿豆粉丝、羊肉片。

6

待羊肉片全熟，撇去浮沫。即可整锅端上餐桌食用。

蘸料 —7

将小葱、香菜、大蒜、小米辣分别切末。

8

将菜末添加到涮羊肉蘸料里即可。

烹饪秘籍

1. 买来的豆腐切块，间隔平铺在保鲜盒里，放入冰箱冷冻。食用时直接拿出来放汤里就可以，非常方便，节约时间。

2. 想简简单单吃个涮羊肉，又不想架起火锅时，这样一锅端是最方便的了。

健康定制私房味
鹰嘴豆羊肉饼

时间
25 分钟

难度
低

总热量
712 千卡

主料　羊肉末 200 克 ｜ 罐头鹰嘴豆 60 克
辅料　油 1 汤匙 ｜ 面粉 2 汤匙 ｜ 洋葱 30 克
　　　大蒜 20 克 ｜ 欧芹 20 克 ｜ 盐 1 茶匙
　　　孜然粉 2 茶匙 ｜ 粗粒辣椒粉 2 茶匙
　　　小茴香粉 1/2 茶匙 ｜ 姜黄粉 1/2 茶匙

烹饪秘籍

欧芹属于欧式香草，买不到
欧芹，可以用芹菜、香菜
代替。

做法

搅拌

1 洋葱、大蒜、欧芹切
　细末。

2 罐头鹰嘴豆充分沥
　干，压成泥。

3 在料理盆中加入羊肉
　末和鹰嘴豆泥拌匀。

调味制坯

4 再将除油和面粉以
　外的所有调料加入
　盆中，搅拌至上劲有
　黏性。

5 把羊肉馅团成50克
　一个的球压扁，两面
　蘸少许面粉备用。

煎制

6 不粘锅加入油烧热，
　放入羊肉饼，中小火
　两面煎至焦黄即可。

穿起来的味觉享受
沙嗲鸡肉串

⏱ 时间
20 分钟

🖐 难度
低

☀ 总热量
352 千卡

主料　鸡小胸 200 克｜椰浆 40 毫升
　　　菠萝 40 克
辅料　椰子油 1 茶匙｜沙嗲酱 2 汤匙
　　　红椒粉 1 茶匙｜薄荷叶 10 克
　　　花生酱 1 茶匙

烹饪秘籍

1. 沙嗲酱口感香浓、润滑微甜。沙茶酱是用小鱼小虾干制作的，两者味道不同，不要弄错。

2. 使用鸡小胸，不需要自己再切块了，方便使用。

做法

腌制

1 鸡小胸用肉锤稍微拍松，菠萝捣成泥。

2 将鸡小胸放入料理盆，加1汤匙沙嗲酱和椰浆拌匀，腌制2小时。

3 拿出鸡小胸，穿到竹扦上。一个鸡胸穿一串。

煎制

4 锅中加入椰子油烧热，将鸡肉串中火两面煎至金黄色，期间可以再刷一点沙嗲酱汁。

蘸酱

5 将1汤匙沙嗲酱和花生酱用2汤匙温水稀释，再加入菠萝泥，制作成蘸酱。

6 取出鸡肉串装盘，上面撒红椒粉，点缀薄荷叶，搭配蘸酱食用。

味道顶呱呱，蛋白超丰富
黑椒柠檬煎鸡胸

时间	难度	总热量
20 分钟	低	295 千卡

主料　鸡大胸 1 块｜柠檬 1/2 个
辅料　橄榄油 2 茶匙｜生抽 2 茶匙
　　　米酒 2 茶匙｜黑胡椒碎 1/2 茶匙
　　　淀粉 10 克

🔥　鸡胸肉的蛋白质含量高，易于被人体吸收利用，所含脂肪少，是增肌减脂的美食。我们只需要一点点淀粉，就能让煎制的鸡胸外焦里嫩，告别又干又柴的鸡胸肉。

做法

准备腌制 ➡ **煎制**

1 柠檬切片备用。鸡胸洗净，擦干。

2 用刀在鸡胸最厚的地方，从中间向两边片开，使整只鸡胸厚度一致。

3 用肉锤将鸡胸敲成厚度一致的厚片。

4 将鸡胸切成分量相等的两块。

5 鸡胸放入料理盆，加生抽、米酒、黑胡椒碎、淀粉抓匀。

6 平底不粘锅加橄榄油烧热，放入鸡胸、柠檬片。

7 中火煎至一面焦黄，翻面煎另外一面。

8 柠檬片也同时翻面。不时晃动锅子。

9 煎至鸡胸两面焦黄，取出装盘即可。

烹饪秘籍

1. 这里是两人份，如果一人食，可将另一块腌好的鸡胸放入保鲜袋，放进冰箱冷冻即可。
2. 冰箱里有一块腌制好的鸡胸，能很方便地满足一餐饭中蛋白质的需求。

多滋多味，清爽宜人
茴香杏仁拌鸡丁

🕐 时间
30 分钟

🔥 难度
低

☀️ 总热量
594 千卡

🔥 每一样食材都有自己独特的味道，在一起碰撞出清新的感觉，并且茴香补气，杏仁美容，鸡肉营养，是少油少盐的健康菜。

主料　鸡胸肉 100 克｜山杏仁 80 克
　　　茴香 50 克
辅料　盐 1/2 茶匙｜杏仁油 1 茶匙
　　　料酒 1 汤匙

做法

准备

1 茴香洗净，控干水，切末。

2 山杏仁泡水10分钟后控干。

煮制

3 汤锅加清水，放入鸡胸肉和料酒，中火煮开。

4 小火煮10分钟，再盖盖焖10分钟。

搅拌调味

5 捞出鸡胸，彻底放凉后切丁备用。

6 将山杏仁、鸡丁、茴香末放入沙拉碗中，加杏仁油、盐轻轻拌匀即可。

烹饪秘籍

杏仁片要选去皮脱苦、适合凉拌的杏仁。

据说这是你完全没有办法偷偷独自享用的美食。印度香料太惹味，坦都里鸡腿在烤的时候就已经是满屋飘香了。

主料	鸡小腿 4 个 ｜ 无糖酸奶 100 克
辅料	坦都里香料 2 汤匙 ｜ 红椒粉 1 茶匙
	孜然粉 1 茶匙 ｜ 姜 5 克
	大蒜 10 克

喷香扑鼻，挡不住的诱惑
坦都里烤鸡腿

时间	难度	总热量
60 分钟	低	475 千卡

做法

腌制

1 鸡腿去皮。姜、蒜擦成泥。

2 将鸡腿放入料理盆中，加入所有调料抓匀，腌制2小时。

烤制

3 烤箱190℃预热，烤盘垫锡纸，放上鸡腿。

4 放进烤箱中层烤45分钟。

复烤上色

5 取出烤盘，倒出汁水，再放回烤箱。

6 调200℃开上火烤5分钟，烤至鸡腿表面焦黄即可。

烹饪秘籍

为了鸡腿更入味，可以提前一晚腌制。中途烤鸡倒出的汁可以留下做咖喱使用。

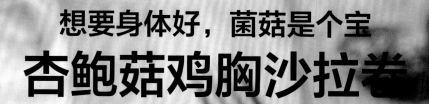

想要身体好，菌菇是个宝
杏鲍菇鸡胸沙拉卷

时间	难度	总热量
40 分钟	中	889 千卡

主料　杏鲍菇 1 个（约 200 克）
　　　鸡胸 1 块（约 400 克）
　　　豇豆 2 根（约 100 克）
辅料　油少许｜盐适量｜生抽少许
　　　熟芝麻少许｜现磨黑胡椒少许

🔥　杏鲍菇具有杏仁香味，肉质肥厚、口感鲜嫩、味道清香、营养丰富，不论煎、炒、炖都非常适宜。鸡肉富含蛋白质，且易于消化吸收，有促进肌肉生长、增强机体免疫力等食疗功效。

做法

准备 ➔

1 杏鲍菇洗净，纵向切成长薄片。

2 豇豆洗净，切成长段，长度和杏鲍菇片的宽度一致。

焯烫

3 锅中加入清水烧开，下杏鲍菇片煮一两分钟。杏鲍菇煮软后，捞出沥干。

4 用锅中剩余的水将豇豆放入煮一两分钟，煮熟后捞出。

煎制调味 ◂

7 平底锅倒入少许油，放入杏鲍菇鸡胸卷，用中火煎至杏鲍菇表皮金黄、鸡胸变色。

8 将鸡胸卷取出摆盘，撒上现磨黑胡椒和熟芝麻即可。

造型 ◂

5 鸡胸也切成长薄片，加入盐和生抽，抓匀腌制10分钟左右。

6 将杏鲍菇片放于最下层，然后放上鸡胸片和豇豆，卷起来，插上一根牙签固定。

烹饪秘籍

切杏鲍菇片时，厚度以3毫米左右为佳。太薄的卷起来容易破，太厚的不易定形。

豉香四溢，色彩缤纷
低卡鸡肉串沙拉

⏱ 时间 40 分钟　　💧 难度 中　　☀ 总热量 648 千卡

主料	鸡胸肉 1 块（约 400 克）
	红彩椒 1 个（约 100 克）
	黄彩椒 1 个（约 100 克）
	青椒 1 个（约 150 克）
	洋葱 1/2 个（约 100 克）
辅料	豆豉酱适量　熟芝麻适量
	料酒 1 汤匙　白糖适量
	生抽 1 汤匙　盐适量

做法

准备

1　鸡胸肉切成2厘米见方的小块，加入料酒、盐、白糖、生抽抓匀，放入冰箱中腌制过夜。

2　将各色彩椒洗净，去子去蒂，切成2厘米见方的小块。

3　洋葱剥去老皮，也切成尺寸大小相近的块。

🔥 鸡胸肉蛋白质含量较高，而且容易被人体吸收利用，有增强体力、强壮身体的作用。中医认为鸡肉有益五脏、补虚损、健脾胃、强筋壮骨、活血通络等作用。

穿串

4　将各色彩椒、洋葱和鸡胸块用竹扦穿起来，几种颜色错开会更加漂亮。

调味烤制

5　鸡肉串穿好放入烤盘上，刷上少许豆豉酱。

烹饪秘籍

烤鸡肉串时可以在烤制中途将烤盘取出，将鸡肉串再刷一遍酱汁然后翻转一下，使鸡肉串均匀受热。

6　将烤盘放入烤箱中，200℃烤20分钟左右。烤好后取出撒上熟芝麻即可。

主料 吐司 2 片（约 120 克）
鸡胸肉 100 克｜叶生菜 50 克
圣女果 3 颗（约 50 克）

辅料 大蒜 3 瓣｜蛋黄沙拉酱（011 页）30 克
盐少许

浓浓的意大利风情
意式鸡肉烤吐司沙拉

时间 25 分钟｜难度 中｜总热量 539 千卡

做法

烤制肉蓉

1 烤箱180℃预热；大蒜洗净、去皮，压成蒜泥。

2 鸡胸肉洗净，切成小块，放入沸水中煮熟，捞出沥干。

3 将煮熟的鸡胸肉剁成肉蓉，加入蛋黄沙拉酱，充分搅拌均匀。

烤制

4 将吐司放入烤箱中，中层烤7分钟。

组合

5 叶生菜洗净，去根，切细丝。圣女果洗净，去蒂，对半切开。

6 将生菜丝与鸡肉蓉、蒜泥放入小碗中，撒少许盐拌匀。

7 吐司从烤箱中取出，将拌好的沙拉涂抹在烤好的吐司片上，点缀上圣女果即可食用。

鸡胸肉低热量、高蛋白，是想减肥又嘴馋的人必选的食材。搭配吐司又提供了碳水化合物，使你吃得饱又能吃得好。

烹饪秘籍

如果没有烤箱，也可以将吐司放在平底锅中加热，至两面都呈金黄色即可拿出。

浓郁的墨西哥风情
墨西哥鸡丝卷沙拉

⏱ 时间
35 分钟

✋ 难度
低

☀ 总热量
438 千卡

主料　鸡胸肉 100 克 | 苦苣 50 克
　　　胡萝卜 100 克 | 全麦饼皮 2 张（约 60 克）
辅料　油醋汁（011 页）30 毫升

🔥　胡萝卜富含维生素、木质素等营养成分，经常食用能有效降低胆固醇，预防心脏疾病和肿瘤。

做法

准备 ────────────➤ **调味组合**

1 鸡胸肉洗净，放入沸水中氽熟。

2 将氽熟的鸡胸肉捞出放凉，撕成鸡丝备用。

3 胡萝卜洗净，去皮，用刨丝器刨成约3厘米长的细丝。

4 苦苣去根、去老叶，洗净后沥干，切成3厘米的小段。

5 将鸡丝、胡萝卜丝和苦苣一起放入沙拉碗中，淋上油醋汁搅拌均匀。

6 将搅拌好的沙拉平铺在全麦饼皮中，卷起来即可食用。

烹饪秘籍

判断鸡胸肉是否熟透，可以捞出后用筷子扎一下，没有血水即可。煮得过老会影响口感。

清脆爽口又消暑
豆腐鸡丝荸荠沙拉

时间
25 分钟

难度
低

总热量
421 千卡

主料　嫩豆腐 100 克｜新鲜鸡胸肉 150 克
　　　荸荠 100 克｜红甜椒 30 克
辅料　葱段 10 克｜姜片 2 片｜盐少许
　　　日式芝麻沙拉酱（012 页）30 克

🔥　荸荠口感清脆，与鸡丝和嫩豆腐搭配，可以获得奇妙的味觉体验。荸荠富含粗纤维，有很好的润肠通便的功效。

做法

准备

1 鸡胸肉洗净，放入加有葱段、姜片的沸水中煮熟，捞出沥干，撕成细丝待用。

2 荸荠去掉表皮，洗净，切成1.5厘米见方的小块，放入淡盐水中浸泡待用。

3 嫩豆腐用清水冲洗干净，切成2厘米见方的块状，待用。

4 红甜椒清洗干净，切成细丝，待用。

调味

5 将鸡丝、荸荠块、豆腐块装入盘中，淋上日式芝麻沙拉酱。

6 点缀上红甜椒丝，即可食用。

烹饪秘籍

荸荠是一种可以生食的蔬菜，口感清脆，适合做沙拉食用。切好后放入淡盐水中浸泡，能防止其被氧化。

颜值与营养并存
豆腐皮鸡肉卷沙拉

时间
40 分钟

难度
高

总热量
430 千卡

主料　干豆腐皮 1 张（约 60 克）
　　　鸡蛋 1 个（约 50 克）
　　　鸡胸肉 100 克｜豇豆 50 克
　　　胡萝卜 50 克
辅料　玉米淀粉 1 茶匙｜盐少许
　　　韭菜若干根｜韩式蒜蓉沙拉酱（012 页）
　　　30 克

🔥　对待烹饪，不妨大胆一点，随心所欲地发挥想象力。洋为中用，为沙拉披上一件中式风情的美丽外衣吧！干豆腐皮又称千张、百叶，是由黄豆制成的豆制品，含有丰富的蛋白质、卵磷脂及矿物质，能够预防血管硬化和骨质疏松。

做法

制作蛋饼 ➜ 切备原料

1　将干豆腐皮洗净，切成 6 块，放入开水中汆烫 1 分钟，小心捞出，不要弄破。

2　鸡蛋磕入小碗中，加少许盐打散，加入玉米淀粉和 1 茶匙纯净水搅拌均匀。

3　平底锅烧热，倒入蛋液，平摊成蛋饼，保持中小火煎至金黄，小心翻面，将两面都煎至金黄。

4　鸡胸肉洗净，放入沸水中煮熟，捞出放凉，撕成细丝备用。

5　豇豆择洗净，切成与豆腐皮较长的边同等的长度，入淡盐水中焯 1 分钟，捞出。韭菜洗净，入沸水中焯 10 秒钟捞出，沥干。

6　将步骤 3 中煎好的蛋饼卷起，切成细条。

组合 ◀

8　取一张干豆腐皮，铺上豇豆、胡萝卜丝、鸡蛋丝和鸡胸肉丝，淋入韩式蒜蓉沙拉酱，紧紧卷好，再用韭菜捆绑固定，摆盘。

7　胡萝卜洗净、去皮，用刨丝器刨成和豇豆一样长的细丝，备用。

烹饪秘籍

鸡蛋液中加入玉米淀粉和纯净水，可以让煎出来的蛋皮弹性更好，不易破损。

橙香鸭肉沙拉 + 胡萝卜橙汁

清新自然的维生素宝库

时间
60 分钟

难度
中

总热量
306 千卡

主料 鸭胸 1 块（约 200 克）
　　 芝麻菜 50 克
　　 胡萝卜 1/2 根（约 50 克）
　　 橙子 1 个（约 200 克）
辅料 油少许 | 盐少许

🔥　橙子含有大量的维生素C。维生素C是很好的抗氧化剂，能够美白祛斑、改善老化的血管、清除体内自由基、降低胆固醇，因此特别适合高血压、高脂血症患者食用。

做法

腌制准备

1 橙子和胡萝卜洗净去皮，用榨汁机制成胡萝卜橙汁。

2 将鸭胸洗净后用厨房纸巾吸干水。

3 取少许胡萝卜橙汁，并将鸭肉泡在果蔬汁中腌制30分钟左右。

4 将芝麻菜洗净并沥干，一片片撕下备用。

煎制

5 平底锅烧热，倒入少许油，先将鸭皮一面朝下，盖上锅盖，中火煎5分钟左右。
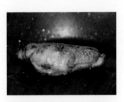

6 翻转鸭胸，再将鸭肉一面朝下，盖上锅盖，中小火煎制10分钟左右。

摆盘

7 鸭肉煎熟后，盛出放凉，切成0.5厘米左右厚的鸭胸片备用。

8 将芝麻菜铺在盘中，摆上鸭胸片，撒上少许盐，即可与胡萝卜橙汁搭配享用。

烹饪秘籍

在腌制鸭胸时，可以用牙签在鸭胸表面均匀戳一些小洞。这样更容易让鸭胸吸收果蔬汁的香气，也更容易上色。

葱香扑鼻，一纸鱼味
纸包鱼柳

时间
20 分钟

难度
中

总热量
158 千卡

主料　巴沙鱼柳 200 克
辅料　油 2 汤匙
　　　蒸鱼豉油 2 汤匙
　　　小葱 20 克

🔥　巴沙鱼柳无鳞无刺，整片鱼柳很好烹饪，作为蛋白质来源是很好的。忙的时候，只需包起来烤一烤。肉质鲜嫩，葱香下饭，胜在快捷，吃得舒服。

做法

准备 —1

烤箱180℃预热。小葱切细末。巴沙鱼化冻，洗净。

—2

用厨房纸按压吸干巴沙鱼表面的水。

烤制 —3

在烤盘上依次放上锡纸、烘焙纸，中间摆上巴沙鱼。

—4

先用烘焙纸折叠包裹好巴沙鱼，再用锡纸包裹固定。逐层裹严。

—5

送入烤箱中层，烤15分钟。

调味 —6

炒锅烧热，加油、小葱，小火炒至葱白焦黄，小葱末浮起。

—7

加入蒸鱼豉油和1汤匙清水，烧开即可关火。

—8

取出巴沙鱼柳装盘，淋上1汤匙葱油即可。

烹饪秘籍

1. 将小葱切末炸葱油，用时短，里面的小葱吃起来也方便。
2. 葱油可以一次多做一些，拌面、拌饭都好吃。

简单调味的精致烧鱼
烧汁巴沙鱼

时间	难度	总热量
25 分钟	中	142 千卡

主料　巴沙鱼尾 180 克
辅料　油 2 茶匙 | 韩式烧烤酱 2 茶匙
　　　生抽 2 茶匙 | 面粉 15 克
　　　小米辣 10 克 | 香菜 10 克

🔥　一小段鱼尾，要煎到焦香、翘起可爱的小尾巴，酥脆的外壳一下子就吸到了调味料的香气。一撮香菜辣椒可不是装饰，它能提升烧烤酱的风味。

做法

准备 —1

小米辣切成圈，香菜切段，巴沙鱼化冻洗净。

—2

用厨房纸按压吸干巴沙鱼表面的水。

—3

将巴沙鱼四周拍上面粉，轻轻抖落多余的面粉。

煎制 —4

不粘锅加油烧热，放入巴沙鱼，中火煎至两面金黄。

—5

加入生抽，晃动锅子，待巴沙鱼底面上色漂亮以后翻面。

调味焖烧 —6

加入韩式烧烤酱和1汤匙清水。

—7

在鱼身上放小米辣、香菜。

—8

转小火，盖盖，焖烧2分钟即可。

烹饪秘籍

1. 冷冻鱼容易出水，煎之前一定要尽量吸干表面的水。

2. 利用现成的烤肉汁制作，可省去自己调味的麻烦。

豪华配置的一餐
柚子三文鱼沙拉 +
酸奶浆果思慕雪

时间	难度	总热量
60 分钟	中	370 千卡

主料	三文鱼 100 克
	柚子 2 瓣（约 100 克）
	生菜 2 片（约 30 克）
	冷冻草莓 150 克
	冷冻蓝莓 120 克
	酸奶 100 克
辅料	淀粉 2 汤匙｜黑胡椒粉少许
	盐少许｜橄榄油适量
	意大利黑醋少许｜蜂蜜少许

做法

准备

1 三文鱼切成适宜入口的块；生菜洗净，撕成小片；柚子剥去白色的膜，留下果肉备用。

2 三文鱼块中加入淀粉、黑胡椒粉和盐抓匀，腌制30分钟。

煎制摆盘

3 平底锅烧热，放入橄榄油，将腌好的三文鱼煎至变色。

4 将柚子、生菜和三文鱼放入沙拉盘中，淋上少许意大利黑醋即成柚子三文鱼沙拉。

制作饮品

5 冷冻蓝莓、冷冻草莓、酸奶和蜂蜜倒入料理机中，加入少许饮用水搅打均匀。

6 打好的思慕雪倒入杯中，与柚子三文鱼沙拉搭配即可。

柚子果肉富含维生素C和类胰岛素成分，有降血糖、美白润肤的功效。清香酸甜的柚子热量极低，是非常好的减肥食材。

烹饪秘籍

可以提前将水果洗净，冷冻保存，冷冻水果打出来的思慕雪口感更浓稠。

不喜欢吃生冷的刺身，可以试试这款沙拉。金枪鱼周身裹满香气四溢的黑芝麻，每一口都是大大的营养与满足。金枪鱼低脂低热量，有助于瘦身减肥。

黑芝麻金枪鱼沙拉

时间	难度	总热量
30 分钟	高	555 千卡

主料　金枪鱼腩 1 块（约 200 克）
　　　黑芝麻 30 克
辅料　秋葵 3 个｜沙拉叶适量
　　　沙拉汁适量｜油少许

做法

准备

 秋葵洗净，切成0.5厘米左右的厚片。　**1**

 金枪鱼洗净，根据鱼腩的形状切成一个规则的长方体。　**2**

 将黑芝麻放入一个平底盘中，均匀铺开。放入金枪鱼腩，翻动几次使各个面都均匀裹满黑芝麻。　**3**

煎制

 平底锅烧热后倒入少许油，将裹满黑芝麻的金枪鱼腩放入锅中。上下两面各煎1分钟左右，两侧各煎30秒左右。　**4**

 用锅底的余油和余温，将秋葵片略微煎至变色。　**5**

组合

 将金枪鱼腩切成约0.5厘米左右的片，与秋葵和沙拉叶摆盘后淋上沙拉汁即可。　**6**

烹饪秘籍

短时间煎制可以让鱼肉的内部形成渐变的颜色，如果喜欢全熟的鱼肉，可以适当延长煎制的时间。

肉食主义者的减脂福音
盐烤鳕鱼秋葵沙拉

时间
40 分钟

难度
高

总热量
325 千卡

主料　速冻鳕鱼段 200 克｜秋葵 100 克
　　　苦苣 50 克｜叶生菜 50 克
　　　圣女果 3 颗（约 50 克）
辅料　海鲜沙拉酱（014 页）40 克｜柠檬汁 5 毫升
　　　盐少许｜橄榄油少许｜黑胡椒碎少许

🔥　北欧人将鳕鱼称为"餐桌上的营养师"，它的蛋白质含量要高于很多鱼类，而脂肪含量在鱼类中最低，和秋葵一起组成沙拉，不仅可口，而且热量低，是减脂人士的福音。

做法

腌制 ➜ **预制辅料**

1 烤箱180℃预热；速冻鳕鱼段在室温下解冻，用清水冲洗净，用厨房纸巾吸干水，用刀在鱼肉表面轻划几刀。

2 将鳕鱼段放入平盘中，两面抹少许盐和黑胡椒碎，倒入柠檬汁，腌制20分钟。

组合调味 ◀

7 将秋葵、鳕鱼块、苦苣和叶生菜一起放入碗中。

8 淋上海鲜沙拉酱，搅拌均匀，最后以圣女果点缀装饰即可食用。

3 将秋葵洗净，去蒂，斜切成段，平铺在烤盘内，撒上少许盐，涂抹均匀，进烤箱烤制10分钟。

4 将苦苣和叶生菜洗净，去除老叶和根部，撕成适口的块状备用。

5 圣女果洗净，对半切开，备用。

6 平底锅烧热，加入橄榄油抹匀锅底，放入鳕鱼，用中小火煎1分钟后翻面，继续煎1分钟，盛出切成小块。

烹饪秘籍

腌制鳕鱼时先在鳕鱼表面划几刀，这样鱼肉会更加容易入味。

柠香鲜灼，只只回味
青柠白灼虾

🕐 时间
20 分钟

🥄 难度
低

☀ 总热量
505 千卡

主料 基围虾 500 克
辅料 青柠汁 1 茶匙
金橘 4 个
盐 2 茶匙

🔥 虾是高蛋白、低脂肪的食物。买到鲜活的基围虾，一定会想要白灼。加入青柠和金橘，白灼虾立马不简单了。

做法

准备 ➡ **煮制**

1 金橘洗净，对半切开。

2 汤锅加足量清水烧开。加入青柠汁、金橘。

3 放入基围虾，煮至八成熟。

4 加盐调味，即可关火起锅。

5 连汤带虾一起装盘即可。

烹饪秘籍

用加了青柠、金橘的水煮虾，剥完虾后手不腥。

青春常驻，红颜不老
红酒煎虾沙拉

⏱ 时间
25 分钟

⚙ 难度
中

☀ 总热量
225 千卡

主料　大虾 200 克
　　　洋葱 1/2 个（约 100 克）

辅料　红酒 4 汤匙｜沙拉叶适量
　　　盐少许｜黄油少许

🔥　科学家研究证实，适当饮用红酒对健康有益。红酒中的萃取物可以延缓皮肤的老化，维持肌肤年轻状态。

做法

准备

1 大虾剥壳、去头、去虾线，处理干净后，用厨房纸巾吸干水。

2 洋葱对半剖开，切成细丝。

煎制调味

3 平底锅中加入黄油，小火化开，将虾仁两面均煎至变色。

4 下入洋葱丝翻炒几下，沿着锅边倒入红酒。

5 调入少许盐，收浓汤汁后即可关火。将煎好的红酒虾放入沙拉叶中拌匀，装盘即可。

烹饪秘籍

最后收汁的过程中可以适当调高火力，缩短烹饪时间，防止红酒受到热力破坏，导致营养流失太多。

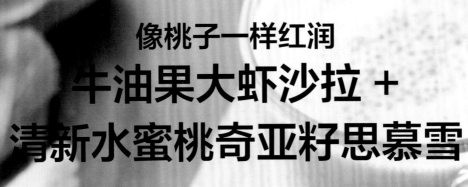

像桃子一样红润
牛油果大虾沙拉 +
清新水蜜桃奇亚籽思慕雪

时间 30分钟　难度 中　总热量 282千卡

水蜜桃中富含多种维生素，具有美肤、清胃、润肺、祛痰等功效。奇亚籽是一种保健食材，具有多种抗氧化成分及丰富的不饱和脂肪酸，可增强人体免疫力。

主料 牛油果 1 个（约 100 克）
　　 虾仁 200 克
　　 油桃 1 个（约 50 克）
　　 樱桃萝卜 1 个（约 20 克）
辅料 奇亚籽 2 汤匙｜酸奶适量
　　 牛奶 150 毫升

烹饪秘籍

先将奶昔倒入杯底1/3处，然后倒入1/3杯奇亚籽牛奶，最后再倒入1/3杯奶昔，就可以做出分层的思慕雪了。如果用色泽鲜艳的水果制作分层思慕雪，分界线会更加鲜明。

做法

准备 —1

樱桃萝卜洗净，切成薄片。

2

牛油果对半切开，去核，用勺子将果肉挖出并尽量压成果泥状备用。

3

虾仁用沸水汆烫30秒后捞出，留下几个作为装饰，其余切成1厘米左右的小丁。

组合 —4

将虾仁丁与牛油果泥拌匀后填入牛油果的壳中。

5

取樱桃萝卜片放在沙拉上，再装饰一个完整的虾仁即成牛油果大虾沙拉。

制作饮品 —6

油桃洗净去核，切成大块，然后将油桃和酸奶放入冰箱冷冻至坚硬。

7

牛奶中加入奇亚籽，搅拌均匀后静置10分钟。

8

冻好的油桃和酸奶放入料理机中，加入少许牛奶搅打成奶昔状。然后与泡着牛奶的奇亚籽混合即成思慕雪。

清爽鲜美的海洋馈赠
虾仁牛油果沙拉

🕐 时间
20 分钟

🍐 难度
低

☀ 总热量
388 千卡

🔥 新鲜大虾配上牛油果，颜值和味道瞬间提升，在满足营养需求的同时，热量也非常低。

主料　新鲜大虾 150 克
　　　牛油果 1 个（约 100 克）
　　　速冻玉米粒 30 克
　　　速冻豌豆粒 20 克
　　　红甜椒 20 克
辅料　酸奶沙拉酱（013 页）30 克
　　　盐少许

烹饪秘籍

1. 牛油果口感略微甜腻，可用酸奶沙拉酱进行中和。
2. 大虾焯水时间不宜过长，否则会肉质过老，影响口感。

做法

汆烫大虾 —1

大虾洗净，去除头部，开背，剔除虾线。

—2

将处理好的大虾放入沸水中烫熟，捞出后过凉水，沥干备用。

准备辅料 —3

牛油果对半切开，取出果肉，切成1厘米见方的小丁。

—4

将玉米粒和豌豆粒冲去浮冰，放入沸水中焯熟，捞出后沥干备用。

—5

红甜椒洗净，沥干后切成细丝备用。

组合调味 —6

将以上处理好的食材放入干燥的沙拉碗中。

—7

淋上酸奶沙拉酱，撒少许盐，拌匀即可。

口感层次丰富
虾仁藜麦腰果沙拉

时间
30 分钟

难度
低

总热量
555 千卡

主料　藜麦 50 克｜速冻虾仁 100 克
　　　西蓝花 50 克｜胡萝卜 50 克
　　　速冻玉米粒 50 克｜腰果 30 克
辅料　盐少许｜橄榄油少许
　　　法式芥末沙拉酱（014 页）30 克

🔥　藜麦原产于南美洲，其所含的营养成分可以调节人体的酸碱平衡，有保护心血管的作用。再加上蛋白质含量丰富的虾仁和脆脆的腰果，搭配香辛酸甜的法式芥末沙拉酱，能让你大快朵颐！

做法

煮藜麦　——————————▶ ## 切备焯制

1　小锅中加入500毫升水、几滴橄榄油和少许盐，煮沸；藜麦洗净，放入沸水中，小火煮15分钟。

2　将煮好的藜麦捞出，沥干后放入沙拉碗中备用。

3　西蓝花洗净，去梗，切分成适口的小朵。

4　胡萝卜洗净，去掉表皮和根部，切成薄片后用蔬菜模具切出花朵状。

5　速冻玉米粒用冷水冲去浮冰，沥干。

组合调味　◀

8　将以上处理好的食材一起放入装有藜麦的沙拉碗中，倒入法式芥末沙拉酱，搅拌均匀，撒上腰果即可。

6　将西蓝花、速冻玉米粒和胡萝卜片一起放入煮沸的淡盐水中，煮至水再次沸腾后关火，捞出沥干，放凉。

7　将速冻虾仁用冷水冲去浮冰，放入煮沸的水中，煮至虾仁完全变色成熟后捞出沥干，放凉。

烹饪秘籍

这道沙拉的食材处理尽量以汆烫为主，汆烫程度要把握好，不能过长，否则会影响口感。

混搭风格，造就美味
西柚虾仁沙拉

时间	难度	总热量
20 分钟	低	474 千卡

虾仁高蛋白、低脂肪，西柚让这道沙拉的口感更有层次，配上蛋白质含量丰富的鸡蛋，饱腹又不长肉。

主料 新鲜大虾 150 克
西柚 1 个（约 380 克）
芝麻叶 30 克｜叶生菜 50 克
鸡蛋 2 个（约 100 克）

辅料 海鲜沙拉酱（014 页）30 克

做法

汆烫大虾

1 新鲜大虾去壳、去掉头部，开背，剔除虾线，用清水冲洗干净。

2 将处理好的大虾放入沸水中烫熟，捞出过凉水，沥干备用。

制作辅料

3 西柚对半切开，用横刀将果肉与果皮分离，取出果肉，切成小块备用。

4 鸡蛋放入水中煮熟，去壳，切成1.5厘米见方的块状备用。

5 芝麻叶、叶生菜洗净，去掉老叶和根部，撕成适口的小块备用。

混合调味

6 将上面处理好的全部食材装入碗中，淋上海鲜沙拉酱即可食用。

烹饪秘籍

鸡蛋和虾仁要凉透后再与西柚和蔬菜进行混合，这样可以保证果蔬的口感以及新鲜程度。

🔥 无敌蛋白质大碰撞，简单好做的大排档风格。鲜美的食材只需要热油的激发，在家里就能享受大排档美食。

街边的美味，在家轻松搞定
大排档鱿鱼蒸豆腐

( ) 时间 20 分钟 | ( ) 难度 低 | ( ) 总热量 504 千卡

主料 鱿鱼 400 克｜豆腐 200 克
辅料 油 2 汤匙｜盐 1/4 茶匙
　　 蒸鱼豉油 2 汤匙｜白胡椒粉 1/4 茶匙
　　 小葱 10 克｜小红辣椒 10 克

做法

准备

1 鱿鱼去内脏，清净、切段。豆腐切厚片。小葱切丝，小红辣椒切圈。

2 在盘子上平铺豆腐，再放上鱿鱼段。表面撒盐和白胡椒粉。

蒸制

3 蒸锅加水烧开，放入盘子，大火蒸 5 分钟。

4 取出盘子，倒掉汤汁。

调味

5 淋蒸鱼豉油，摆上葱丝、辣椒圈。

6 炒锅加入油烧至八成热，淋到鱿鱼豆腐上即可。

烹饪秘籍

淋热油的菜，油一定要烧热，用高温激发调料的香味。

来自海洋的馈赠
香辣鱿鱼沙拉

⏱ 时间 25 分钟 🌶 难度 中 ☀ 总热量 371 千卡

🔥 鱿鱼脂肪含量极低，对怕胖的人来说，是极佳选择。此外，鱿鱼富含钙、磷、铁等矿物质元素，有利于骨骼发育和造血，能有效改善贫血症状。

主料 鲜鱿鱼 1 只（约 400 克）
洋葱 1/4 个（约 50 克）
黄瓜 1/2 根（约 100 克）

辅料 沙拉叶适量 ｜ 韩国辣酱 1 汤匙
熟芝麻少许 ｜ 海苔碎少许

做法

准备

1 鱿鱼洗净，身体部分切花刀，鱿鱼须也分别切开备用。

2 洋葱去皮，切成细丝；黄瓜洗净，切成圆片。

汆烫调味

3 汤锅中加入清水煮沸，下入处理好的鱿鱼，汆烫30秒即可捞出过凉水。

4 将鱿鱼沥干，加入韩国辣酱拌匀调味。

组合调味

5 将沙拉叶、洋葱、黄瓜放入盘中。

6 放入拌好的鱿鱼，撒上熟芝麻和海苔碎即可。

烹饪秘籍

鱿鱼煮太久肉质容易变老，在汆烫过程中看到切成花刀的鱿鱼已经卷起来就可以关火捞出来了。

🔥 贝类的鲜美和培根的焦香融合在一起，不仅营养加倍，口感也非常丰富。带子中的不饱和脂肪酸能够提高脑细胞活性，延缓衰老。

主料　带子6个（约200克）
　　　培根6条（约100克）
辅料　橄榄油2汤匙｜秋葵适量
　　　芦笋少许｜现磨黑胡椒粉少许
　　　迷迭香少许

出乎意料的和谐搭配
培根带子卷沙拉

时间	难度	总热量
35 分钟	中	735 千卡

做法

清洗固定

1　带子洗净后，用厨房纸巾吸干多余的水。

2　根据带子的厚度，将培根切成适宜的宽度，然后每一片包裹一粒带子卷起来，用牙签插好固定。

焯烫煎制

3　秋葵切去蒂，芦笋取嫩尖，分别入沸水中焯烫备用。

4　平底锅中倒入少许橄榄油，放入带子培根卷小火慢煎。带子的一面煎至金黄后，翻转再煎另一面。

5　带子两面煎好后，将带子培根卷侧着煎至培根焦香。

组合调味

6　将全部处理好的食材摆盘，撒上现磨黑胡椒粉和迷迭香就可以享用了。

> **烹饪秘籍**
>
> 煎好带子培根卷后，可以用锅里的余油将蔬菜也略微煎一煎，沾上带子与培根的香气，蔬菜也变得更加美味了。

水果与海鲜的完美结合
香煎带子苹果沙拉 + 芹菜苹果柠檬汁

时间
40 分钟

难度
中

总热量
666 千卡

主料 带子6个（约200克）
青苹果1个（约200克）
芹菜100克
辅料 盐少许｜白胡椒粉少许
橄榄油少许｜柠檬1个
沙拉叶适量

🔥 带子营养价值非常高，具有滋阴补肾、和胃调中的功能。带子中的脂肪和热量都比较低，适当食用有助于降低血压和胆固醇。苹果富含维生素C及果胶，有美白润肤的功效。

做法

煎制 ━━━━━━━━━━━▶ **组合沙拉**

1 用盐和白胡椒粉将带子腌制5分钟左右。

2 平底锅中淋入少许橄榄油，将带子依次入锅，双面煎熟。

3 青苹果洗净，带皮切成适宜入口的小块。

4 取一半青苹果和适量沙拉叶，加入少许橄榄油和盐调味，抓匀后摆盘。

5 柠檬洗净，用刮刀将柠檬皮擦成碎屑撒在沙拉上。

6 将煎好的带子取出，摆在沙拉盘中，最后挤上少许柠檬汁即成香煎带子苹果沙拉。

制作饮品 ◀

7 芹菜洗净，切成3厘米左右的小段。

8 将剩余的青苹果块和芹菜放入料理机中，挤入半个柠檬汁，搅打均匀成芹菜苹果柠檬汁。

烹饪秘籍

煎带子时不宜时常翻动，应该像煎牛排一样，一面煎至焦黄后再翻转煎另外一面。

营养和色彩一样丰富

夏威夷海鲜沙拉 +
彩色"鸡尾酒"果汁

时间
50分钟

难度
中

总热量
474千卡

在四面围海、热情奔放的夏威夷，海鲜是最受欢迎的美味食材。鱼类、虾类、贝类富含蛋白质、钙及多种维生素，有益于皮肤和头发的健康，还可以改善视力、增强大脑功能。

主料　鱿鱼须 200 克
　　　大虾 6 个（约 200 克）
　　　海虹 6 个（约 150 克）
　　　苏打水 200 毫升
辅料　料酒 1 汤匙｜菠萝少许
　　　沙拉叶少许｜木瓜少许
　　　百香果 1 个｜草莓适量
　　　蓝莓适量

烹饪秘籍

将海虹放入盆中，加入足量
水没过海虹后撒入2茶匙盐，
搅匀后静置2小时左右。待海
虹吐出泥沙等杂质后，换清
水冲洗干净。如果看到海虹表面还有脏东
西，用小刷子将外壳刷洗干净。这样处理
过后的海虹很干净，即使外壳和其他蔬菜
一同拌在沙拉里，吃起来也很放心。

做法

准备 —1

大虾和海虹洗净，将大
虾去头后开背，去掉
虾线。

—2

鱿鱼须一根根切开，改
刀成适宜入口的小段
备用。

—3

菠萝和木瓜分别去皮，
切成适宜入口的小块。

汆烫组合 —4

锅中加入清水和料酒煮
沸，分别将大虾、海虹
和鱿鱼须汆熟后放入冰
水中冰镇一下。

—5

将海鲜与沙拉叶、木瓜
丁和部分菠萝丁拌匀，
淋上百香果肉及果汁，
即成夏威夷海鲜沙拉。

制作饮品 —6

将草莓、蓝莓和剩余菠
萝丁分别榨成不同颜色
的果汁。

—7

将各色果汁倒入冰格
中，放入冰箱中冷冻成
果汁冰块。

—8

取出冷冻好的果汁冰块放
入杯中，倒入苏打水即成
彩色"鸡尾酒"果汁。

辣爽可口
曼谷风情海鲜沙拉

时间
25 分钟

难度
低

总热量
241 千卡

五彩斑斓的蔬菜丁之间，各类海鲜若隐若现，像极了装满珍宝的藏宝箱，开启你健康美味的新生活！鱿鱼的热量和脂肪较低，但胆固醇含量比较高，"三高"人群要少吃。

主料　明虾肉 100 克｜鱿鱼须 50 克
　　　扇贝肉 50 克｜芹菜 50 克
　　　洋葱 40 克｜红甜椒 30 克
辅料　泰式酸辣酱（013 页）30 克｜盐少许
　　　柠檬汁 5 毫升

烹饪秘籍

焯鱿鱼须的时间不宜过长，看到鱿鱼须打卷后即可捞出，这样能保证鲜嫩弹牙的口感。

做法

切备氽烫 ➜ 搅拌

1　明虾洗净，去壳，开背，去除虾线；鱿鱼须、扇贝分别洗净。

4　将处理好的虾仁、扇贝和鱿鱼须一起放入碗中，淋上柠檬汁，充分拌匀。

2　将虾仁和扇贝放入沸水中氽烫熟，捞出后过凉水，沥干待用。

切备辅料

3　再将鱿鱼须氽烫熟，1分钟即可，捞出过凉水，沥干待用。

5　将洋葱洗净，去除老皮和根部，沥干后切成小块。

6　将芹菜洗净后沥干，切成3厘米左右长的段。

组合调味

8　将洋葱、芹菜和红甜椒放入装有海鲜的沙拉碗中，淋上泰式酸辣酱和少许盐，拌匀即可食用。

7　红甜椒洗净后沥干，斜刀切片。

百吃不厌的家常滋味
小蘑菇咕嘟豆腐

🕐 时间 20 分钟　🥄 难度 低　☀ 总热量 198 千卡

🔥 豆腐是嫩嫩的、小蘑菇是可爱的，一起在锅里咕嘟咕嘟，这么可口的菜，必须一做再做。

主料　嫩豆腐 200 克 | 蟹味菇 80 克
辅料　油 2 茶匙 | 生抽 1 汤匙
　　　白砂糖 1 茶匙 | 淀粉 5 克
　　　酸菜 20 克 | 榨菜 20 克 | 小葱 5 克

做法

准备

1 豆腐切块，蟹味菇切去根部。

2 酸菜、榨菜、小葱切末，淀粉加水调匀。

炒制

3 炒锅烧热，加入油，放入酸菜末、榨菜末炒香。

炖烧调味

4 加入生抽、白砂糖和150毫升清水，大火烧开。

5 放入豆腐块、蟹味菇，转小火炖10分钟。

6 淋水淀粉勾薄芡，撒葱花，即可起锅装盘。

烹饪秘籍

酸菜是用来做酸菜鱼的那种老坛酸菜，炒过之后酸香可口，非常提味。

豆腐在中国人的膳食中占有重要的地位，而泡菜是韩国人的日常小菜。二者结合，不仅热量低还能开胃促消化。

韩国人的养生之道
嫩豆腐泡菜沙拉

时间
20 分钟

难度
中

总热量
147 千卡

主料 嫩豆腐 1 块（约 200 克）
　　　辣白菜 50 克
辅料 白芝麻 1 汤匙｜芝麻菜少许

做法

准备

取适量辣白菜，改刀切成适宜入口的大小。 **1**

平底锅烧热，放入白芝麻，小火煎焙3分钟左右。不时晃动锅体，使芝麻均匀受热。 **2**

芝麻菜洗净，一片片择下备用。 **3**

沿着嫩豆腐的包装盒小心地剪开，将豆腐完整地放入盘中。 **4**

组合调味

将切好的辣白菜和芝麻菜叶铺在豆腐顶端。 **5**

最后撒上适量熟白芝麻即可。 **6**

烹饪秘籍

朋友聚会时，将豆腐切成一人份大小，分别放在盘中，就是一道非常精致的开胃前菜。

彩绘色香味，清爽吐司条

奶酪番茄吐司条

时间
15 分钟

难度
低

总热量
319 千卡

主料 水牛奶酪球 50 克｜吐司面包 1 片
圣女果 4 个

辅料 橄榄油 1 茶匙｜初榨橄榄油 1 茶匙
海盐 1/2 茶匙｜黑胡椒碎 1/4 茶匙
罗勒叶 5 克

烹饪秘籍

选购水牛奶酪小球，个头刚巧与圣女果的大小差不多。

做法

准备

1 圣女果洗净，切厚片。水牛奶酪球切厚片。

2 吐司片切成4条，淋橄榄油。

煎制

3 不粘锅烧热，放入吐司条煎脆。

组合

4 在吐司条上间隔放上奶酪片和圣女果片。

5 撒上黑胡椒碎和海盐，淋初榨橄榄油。

6 点缀罗勒叶即可。

Chapter

多彩的维生素

绽放风采的时刻
五彩拌菜

⏱ 时间
30 分钟

🔥 难度
低

☀ 总热量
287 千卡

主料　胡萝卜 50 克｜黄瓜 50 克
　　　紫洋葱 50 克｜樱桃萝卜 50 克
　　　娃娃菜 50 克｜干豆腐丝 50 克
　　　香芹 40 克
辅料　油 1 汤匙｜蒸鱼豉油 1 汤匙
　　　蚝油 1 茶匙｜香辣豆豉酱 2 茶匙
　　　香醋 2 茶匙｜白砂糖 2 茶匙
　　　大葱 10 克｜大蒜 5 克｜香菜 5 克

🔥　爽口的小萝卜和娃娃菜，色彩明艳的胡萝
卜，辛辣开胃的紫洋葱，清香多汁的小黄瓜，
加上营养的豆腐丝，便是一道充满视觉冲击、
令人食欲大开的营养美味大拌菜。

做法

准备　➡️ 装盘调味

1 所有蔬菜洗净，胡萝
卜去皮，紫洋葱去老
皮、切去两端。

2 胡萝卜、黄瓜、紫洋
葱、樱桃萝卜用擦丝
器擦成细丝。

3 娃娃菜切丝，葱白切
丝，香芹、大蒜、香
菜切末。

4 将五种蔬菜丝和干
豆腐丝分别放入盘
子中。

5 中间放香芹末、葱白
丝、蒜末、香菜碎，
以及除油以外的所有
调料。

6 炒锅加入油烧至八成
热，将热油淋到大拌
菜的调料上。

7 食用时拌匀即可。

烹饪秘籍

1. 大拌菜里的调料还可
以换成肉酱、鸡蛋酱
等，可选择自己喜欢
的口味。

2. 一个擦丝器能擦出多
种蔬菜丝，完全不需
要刀工。

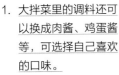

四川人怎么这么会吃
蘸水时蔬

时间	难度	总热量
20 分钟	低	117 千卡

打一碟好蘸水，挑几样可口蔬菜，煮一煮，蘸上蘸水吃一吃，巴适得很哦。轻轻松松吃够一天所需的蔬菜量。

主料 芥菜 100 克｜莴笋 100 克
胡萝卜 100 克｜玉米笋 100 克
海带结 100 克

辅料 菜籽油 2 汤匙｜川味豆瓣酱 1 汤匙
单山蘸水 15 克｜小葱 10 克
大蒜 10 克｜香菜 5 克

做法

制调味汁

1 豆瓣酱剁碎，葱、蒜、香菜切末。

2 将豆瓣酱、单山蘸水、葱、蒜、香菜放入碗中，调成碗汁。

3 炒锅加菜籽油烧至八成热，淋入碗汁，做成蘸料。

切备煮制

4 芥菜撕大片，莴笋切条，胡萝卜切块。

5 汤锅加足量清水烧开，放入胡萝卜、海带结煮10分钟。

6 再依次加入莴笋、玉米笋、芥菜煮熟，即可蘸蘸水食用。

烹饪秘籍

如果使用油豆瓣，可以不需要淋热油，更加简单。

主料　胡萝卜 50 克｜菜花 50 克
　　　口蘑 50 克｜圣女果 50 克
　　　番茄意面酱 100 克
辅料　橄榄油 1 汤匙｜海盐 1 茶匙
　　　黑胡椒碎 1/2 茶匙｜大蒜 30 克
　　　迷迭香 10 克｜罗勒叶 10 克
　　　牛高汤块 1/4 块

优雅的乡村菜
红烩烤时蔬

🕐 时间　30 分钟　　🔥 难度　中　　☀ 总热量　260 千卡

做法

切备预热

1　胡萝卜、菜花洗净、切块。

2　烤箱 200℃ 预热。烤盘垫烘焙纸。

烤制

3　烤盘上放上所有蔬菜、大蒜、迷迭香。

4　淋橄榄油，撒海盐、黑胡椒碎。放入烤箱烤 15 分钟。

混合调味

5　小汤锅加入番茄意面酱、牛高汤块和少许清水，加热煮沸。

6　将番茄意面酱汁盛到盘中，放上烤时蔬，点缀罗勒叶即可。

🔥 丰富的食材，简单地炙烤，不需要过多处理。经过温度的洗礼，让所有蔬菜的滋味显现出来。

烹饪秘籍

蔬菜尽量切得大小一致，烤制时可以同时熟。

色彩缤纷满足眼球
彩虹蔬菜沙拉

🕐 时间
30 分钟

👐 难度
低

☀ 总热量
302 千卡

主料 西蓝花 100 克 | 胡萝卜 80 克
豌豆粒 80 克 | 圣女果 50 克
杏鲍菇 50 克 | 红甜椒 50 克
速冻玉米粒 50 克

辅料 油醋汁（011页）30 毫升 | 蒜末 10 克
盐少许

多种颜色的食材汇聚在一起，看着热闹，吃着健康，快手沙拉非它莫属。西蓝花含有多种营养成分，热量低、饱腹感强，是减肥时期非常好的食材之一。

做法

准备 ──────────→ **浸泡焯制**

1 西蓝花洗净，掰成适口的小朵，放入淡盐水中浸泡20分钟。

2 胡萝卜去皮，洗净，切成边长1厘米左右的小块，备用。

3 杏鲍菇洗净，切成边长1厘米左右的小块，备用。

4 红甜椒洗净，切成小块，备用。

5 圣女果洗净，对半切开，备用。

6 速冻玉米粒冲去浮冰，豌豆粒洗净，备用。

7 锅中烧开水，加入速冻玉米粒、豌豆粒、杏鲍菇块和西蓝花焯烫，1分钟后捞出，沥干水。

混合调味

8 将以上处理好的全部食材一起放入碗中，加入蒜末和少许盐，淋上油醋汁，搅拌均匀即可。

烹饪秘籍

1. 为了保持蔬菜的爽脆口感，入水焯烫的时间不要过长。
2. 为了营造沙拉色彩斑斓的效果，一定要有四种颜色以上的蔬菜。

中式风情的素食美味
彩椒藕丁沙拉

时间
20 分钟

难度
低

总热量
200 千卡

主料　莲藕 150 克 | 青椒 50 克
　　　红甜椒 50 克 | 黄甜椒 50 克
辅料　油醋汁（011 页）30 毫升 | 小米椒 3 个
　　　白醋 1 茶匙

🔥　这道沙拉由于莲藕的加入，变得极具中国特色，在炎炎夏日，带给你不一样的感受。

做法

焯莲藕 —1

莲藕去皮，洗净，切成
1厘米左右的小丁。

—2

将切好的藕丁泡入加有
白醋的清水中。

—3

锅中加入清水，煮沸。
放入藕丁，煮至水再
次沸腾后改小火煮1分
钟，捞出沥干备用。

切备 —4

青椒、红甜椒和黄甜椒
用清水洗净，沥干后切
成1厘米左右的小丁。

—5

小米椒洗净，去掉蒂
部，切成碎末备用。

混合调味 —6

将藕丁、彩椒丁和小米
椒一起放入沙拉碗中。

—7

淋入油醋汁，翻拌均匀
即可食用。

烹饪秘籍

浸泡藕丁的水中加入白
醋可以防止藕丁被氧化
而变色。

酸甜爽脆又养眼
小木耳酸辣藕丁

时间	难度	总热量
30分钟	中	97千卡

木耳和莲藕是不太容易入味的食材，加入酸辣的野山椒后，就变成了有酸、有甜、有辣。木耳和莲藕是富含膳食纤维的食物，带着好滋味多吃点吧。

主料　莲藕 150 克｜干木耳 10 克
辅料　野山椒 5 个｜泡野山椒水 1 汤匙
　　　水果醋 1 汤匙｜白砂糖 1 汤匙
　　　盐 1/2 茶匙

做法

准备

1 干木耳泡发，洗净，撕成小朵。

2 莲藕去掉外皮，切成丁，泡入清水中。

焯烫清洗

3 汤锅加足量清水烧开，放入藕丁、木耳烫熟。

4 捞出，过几遍凉水，直到降温，控干。

混合调味

5 将藕丁、木耳放入容器中，加入所有调料拌匀。

6 密封后放入冰箱冷藏30分钟即可。

烹饪秘籍

夏季温度高，泡发木耳容易腐坏，放入冰箱冷藏泡发更安全。

切得细碎的韭菜，被一番爆炒，裹满了鲜香麻辣的味道，所有味道被完美融合。炒韭菜碎吃着还方便，呼噜呼噜就能下一碗饭。

主料　韭菜 250 克
辅料　油 1 汤匙
　　　生抽 1 茶匙
　　　盐 1/2 茶匙
　　　辣椒粉 1/2 茶匙
　　　花椒粉 1/4 茶匙

麻辣勾搭春韭
辣炒韭菜碎

时间	难度	总热量
10 分钟	低	63 千卡

做法

准备

韭菜洗净，控干水后切末。 1

炒制调味

炒锅加入油烧热，放入辣椒粉爆香。 2

加韭菜碎稍微翻炒变软。 3

加生抽、盐、花椒粉调味，炒匀即可。 4

烹饪秘籍

辣椒粉易煳，放入热油几秒钟即可。

麻辣滋味，食欲渐开
椒麻胡萝卜丝

时间	难度	总热量
20 分钟	低	48 千卡

🔥 一根胡萝卜就可以做出满满一盘凉拌胡萝卜丝，太经济实惠啦。黄澄澄的胡萝卜丝里面可全是营养啊。

主料 胡萝卜 150 克
辅料 红油 1 汤匙 ｜白醋 1 汤匙
　　 盐 1/2 茶匙 ｜白砂糖 1 茶匙
　　 花椒粉 1 克 ｜香菜 10 克
　　 花生碎 10 克

做法

切备腌制

1 胡萝卜洗净、去皮，擦成丝。香菜切段。

2 胡萝卜丝放入沙拉碗中，加盐拌匀。

3 静置10分钟，倒掉腌出的水。

混合调味

4 加入红油、白醋、白砂糖、花椒粉、香菜拌匀。

5 装盘后点缀花生碎即可。

烹饪秘籍

花生要烤过的，才和麻辣味比较搭。将花生米入烤箱160℃烤10分钟，味道刚刚好。

蔬菜和蘑菇营养互补。煮过的小油菜和草菇都软软糯糯的，就简单调调味道，用花椒的微麻点缀一下，既清淡又独特。

主料　小油菜 200 克｜草菇 50 克
辅料　油 2 茶匙｜盐 1/2 茶匙
　　　白砂糖 1/4 茶匙｜生抽 1 茶匙
　　　花椒粒 5 克

微麻微辣，升级版的素菜
麻油小油菜

时间
20 分钟

难度
中

总热量
42 千卡

做法

焯烫

小油菜洗净、切段。草菇洗净、切成片。
1

汤锅加水烧开，先放草菇略煮，再放小油菜焯烫30秒。
2

将小油菜和草菇放入纯净水里降温后，捞出控水。装盘。
3

调味

撒上盐和白砂糖，淋生抽调味。
4

浇热油

炒锅烧热，放油、花椒粒，小火炸成花椒油。捞出花椒粒不要。
5

将花椒油淋到小油菜和草菇上，拌匀即可。
6

烹饪秘籍

花椒粒炸之前用温水泡一下，捞出擦干。这样炸花椒油时能多炸一会儿，尽量提取花椒的味道。

盛夏开胃小菜
蒜泥西葫芦

时间	难度	总热量
20 分钟	中	57 千卡

生拌西葫芦简单又爽口，味道真心不错。没生吃过西葫芦的人，一定要试试哦。

主料　西葫芦 300 克
辅料　生抽 1 茶匙｜白醋 1 汤匙
　　　白砂糖 2 茶匙｜大蒜 10 克
　　　小米辣 5 克

做法

准备

1　西葫芦洗净，擦丝。小米辣切圈。

制汁调味

2　小碗中加入生抽、白醋、白砂糖、小米辣。

3　大蒜用压蒜器压入小碗中，拌匀成调料汁。

4　大沙拉碗中放入西葫芦丝，加入调料汁拌匀即可。

烹饪秘籍

拌好的西葫芦丝放入冰箱冷藏后，吃起来口感更清爽。特别适合搭配烧烤类的肉食。

悄悄地问一下，是不是太多人不爱吃甜椒啊？可是甜椒的维生素含量居蔬菜之首，试试做个酸甜烤甜椒。冷藏后，甜椒还有丰腴多汁的口感，味道更棒。

最佳开胃菜

酸甜烤甜椒

时间
30 分钟

难度
低

总热量
52 千卡

主料　红甜椒 1 个｜黄甜椒 1 个
辅料　橄榄油 1 茶匙｜白砂糖 1 茶匙
　　　柠檬汁 1 茶匙｜盐 1/2 茶匙

做法

烤制

甜椒洗净，擦干。烤箱 180℃ 预热。　1

将整个甜椒放入烤盘，入烤箱烤 30 分钟。　2

调味冷藏

取出烤好的甜椒，去皮、去子。　3

甜椒切块，放入沙拉碗中，加入所有调料拌匀。　4

放入冰箱冷藏 1 小时即可食用。　5

烹饪秘籍

刚烤好的甜椒非常烫，可以用锡纸覆盖住烤盘，待降温以后再去皮。

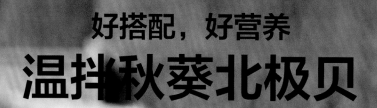

好搭配，好营养
温拌秋葵北极贝

 时间 20 分钟　 难度 低　 总热量 98 千卡

主料　秋葵 100 克｜北极贝 100 克
辅料　油 1 汤匙｜鲜味酱油 1 茶匙
　　　盐 1 茶匙｜白砂糖 1/2 茶匙
　　　鸡汁 1/4 茶匙｜藤椒油 1/4 茶匙
　　　大蒜 5 克｜小米辣 5 克

🔥　生冷的海鲜不见得人人消受得了。将秋葵、北极贝烫一烫，采用温拌的方式，简简单单的改变，又多一种海鲜的吃法。

做法

清洗 →

1　大蒜压成蒜泥。小米辣切圈。北极贝洗净，清理干净肚肠。

制汁

2　小碗中加入蒜泥、小米辣、鲜味酱油、盐、白砂糖、鸡汁、藤椒油。

3　炒锅放油烧至八成热，淋入小碗中。

混合调味 ←

7　将秋葵段及北极贝放入沙拉碗中，加入调料汁拌匀即可。

准备 ←

4　汤锅加足量清水烧开，放入秋葵焯烫 1 分钟。捞出控水。

5　汤锅里继续放入北极贝，汆烫几秒，捞出控水。

6　秋葵切去尾部，斜切成段。

烹饪秘籍

1. 因为秋葵内部空隙比较多，所以要先整根汆烫，再切段，秋葵里面就不会进水了。
2. 秋葵、北极贝都是好清洗、不需要过多收拾的食材，做出来的菜还有大餐的卖相。

中西合璧，味道上乘
法式芥末秋葵沙拉

⏱ 时间
15 分钟

🥄 难度
低

☀ 总热量
120 千卡

主料 秋葵 150 克
辅料 橄榄油几滴｜盐少许
冰水 500 毫升
法式芥末沙拉酱（014 页）30 克
熟黑芝麻少许

🔥 秋葵是能控制血糖的上佳食材，很适合糖尿病患者食用。这道沙拉做法简单，却带来不一样的口感！

做法

焯烫浸凉 ➡ **调味**

1 清洗秋葵，用盐搓去表面细小的茸毛。

2 锅中加水烧开，加少许盐和几滴橄榄油，接着放入秋葵，焯烫2分钟后立即捞出。

3 将秋葵浸入冰水中降温，冷却后捞出，切去蒂部。

4 将切好的秋葵装盘，淋上法式芥末沙拉酱。

5 撒上少许熟黑芝麻，即可食用。

烹饪秘籍

焯烫秋葵时，水中加入橄榄油和盐能令秋葵保持色泽翠绿，捞出后用冰水过凉更能保持其爽脆的口感。

汁多味浓，素得浓烈
黑椒汁小杏鲍菇

时间
20 分钟

难度
低

总热量
70 千卡

主料　小杏鲍菇 200 克
辅料　油 1 汤匙｜盐 1/4 茶匙
　　　黑椒汁 1 汤匙｜鲍鱼汁 1 茶匙
　　　大蒜 5 克

那种小小的杏鲍菇，感觉上就需要黑椒汁来做伴呢。杏鲍菇味道寡淡，黑椒汁厚重，正好能搭配在一起。

做法

清洗煎制 ➤ **调味焖熟**

1 小杏鲍菇洗净、控水。大蒜切片。

2 炒锅加入油烧热，改中小火将杏鲍菇煎至四面金黄。

3 依次加蒜片、黑椒汁炒香。

4 加入鲍鱼汁、盐和2汤匙清水，转小火，盖盖焖1分钟即可。

烹饪秘籍

如果买的杏鲍菇比较大，就切成条炒制。

素食也能吃出肉的感觉
杏鲍菇沙拉

时间	难度	总热量
30 分钟	中	213 千卡

杏鲍菇口感鲜嫩，有一种别样的清香，其所含营养成分能软化和保护血管，降低胆固醇的浓度，同时促进肠胃的消化。

主料 杏鲍菇 250 克 | 圣女果 30 克
彩椒 50 克 | 生菜 80 克

辅料 日式芝麻沙拉酱（012 页）30 克
白醋 2 茶匙 | 熟白芝麻 1 茶匙
黑胡椒碎适量 | 盐适量
油少许

做法

煎杏鲍菇

1. 新鲜杏鲍菇清洗干净，斜刀法切成菱形片待用。

2. 平底锅烧热，用刷子在上面薄薄涂一层油，将切好的杏鲍菇片放入，小火煎制。

3. 杏鲍菇底面煎成金黄色时翻面，撒盐、黑胡椒碎，继续煎至另一面呈金黄色时关火，盛出。

混合调味

4. 将生菜、圣女果、彩椒清洗干净。圣女果对半切开；彩椒切成小块；生菜撕成小片。

5. 将上述食材放入沙拉碗中，倒入日式芝麻沙拉酱、白醋、盐拌匀，撒上熟白芝麻即可。

烹饪秘籍

在煎制杏鲍菇的时候撒入一些黑胡椒碎和盐可以让食材更加入味，吃起来的口感不会过于单调。

◈ 西蓝花与口蘑搭配，让这道沙拉多添了一份清新的味道，芹菜与胡萝卜令颜色更加鲜亮。

主料　西蓝花 150 克
　　　口蘑 4 个（约 50 克）
　　　芹菜 50 克
　　　胡萝卜 70 克
辅料　油醋汁（011 页）30 毫升
　　　盐 1/2 汤匙

西蓝花口蘑沙拉

| 🕑 时间 35 分钟 | 🔥 难度 低 | ☀ 总热量 156 千卡 |

做法

切备

1 西蓝花放入盐水中浸泡 20 分钟，取出用手掰成小朵。

2 口蘑洗干净，切成片状。

焯制混合

3 锅中烧水煮沸，将西蓝花和口蘑分别放入水中焯熟，过凉水，沥干待用。

4 芹菜和胡萝卜分别清洗干净，胡萝卜切成菱形片，芹菜斜刀切段，待用。

5 取一个干净的沙拉碗，依次放入上述处理好的食材。

调味

6 加入油醋汁和盐，与碗里食材充分搅拌均匀，装入盘中，即可食用。

烹饪秘籍

1. 将西蓝花浸泡在盐水中可以充分去除其中的农药残留。
2. 口蘑焯水的时间不能过长，60 秒即可，这样吃起来口感会更加鲜嫩。

独爱姜汁这一味
姜汁菠菜

时间
30 分钟

难度
中

总热量
70 千卡

主料　菠菜 250 克
辅料　油 1 汤匙｜生抽 1 汤匙
　　　香醋 1 汤匙｜白砂糖 2 茶匙
　　　姜 8 克｜大蒜 5 克｜小米辣 5 克

烹饪秘籍

将汆烫好的菠菜放到寿司帘上，卷起挤出水。这样挤完水的菠菜比较整齐。

做法

准备 ➡ **焯烫切备**

1 姜剁成姜蓉，大蒜压成蒜泥，小米辣切圈。

2 小碗中放入姜蓉、白砂糖、生抽、香醋，拌匀备用。

3 炒锅加入油烧热，放入蒜泥、小米辣爆香。关火备用。

4 汤锅加足量清水烧开，放入菠菜焯烫30秒。

5 捞出菠菜，挤干水，切段装盘。

调味

6 在菠菜上淋料汁，加入爆香的蒜泥、小米辣即可。

就是这个味儿
白灼芥蓝

时间
20 分钟

难度
低

总热量
72 千卡

主料	芥蓝 300 克
辅料	油 20 毫升
	蒸鱼豉油 1 汤匙
	白砂糖 1 茶匙

🔥 白灼芥蓝是广东人常吃的家常菜，是白灼菜的范本，做法很简单。芥蓝爽脆可口，最能吃到青菜的本味。

做法

焯烫 ──────────▶ 装盘调味

1 芥蓝洗净，去掉老叶，刨去根部的比较老的外皮。

2 汤锅加足量清水烧开，加入5毫升油和白砂糖。

3 放入芥蓝焯30秒，捞出过冷水降温。

4 将芥蓝装盘，淋上蒸鱼豉油。

5 炒锅加1汤匙油烧至八成热，淋到芥蓝上即可。

烹饪秘籍

焯芥蓝的水里加糖，是为了中和芥蓝的苦味。

纵情翻炒，健康由我
快炒荷兰豆

⏱ 时间 15 分钟

⚙ 难度 低

☀ 总热量 60 千卡

主料　荷兰豆 200 克
辅料　油 2 茶匙
　　　盐 1/2 茶匙
　　　大蒜 5 克
　　　红辣椒 5 克

🔥　一口炒锅，就能赋予蔬菜神奇的力量，清脆的更清脆，碧绿的更碧绿。切得极细的菜丝，只需翻炒几下就可以。

做法

准备 ━━━━━━━━━━━━▶ **炒制调味**

1 荷兰豆洗净，控干水，撕去老筋。

2 顺着荷兰豆的长边，切成丝。

3 大蒜切末，红辣椒切圈。

4 炒锅放油烧热，放入蒜末、辣椒圈爆香。

5 放入荷兰豆丝快炒至断生，加盐调味即可。

烹饪秘籍

想要快炒的蔬菜，切成细丝，能缩短烹饪的时间。

海洋中的营养宝库
海藻沙拉

时间
15 分钟

难度
低

总热量
35 千卡

主料	海藻 150 克
辅料	熟白芝麻少许
	盐少许
	白糖少许
	醋 2 汤匙
	蚝油 1/2 汤匙

海藻是生长在海洋中的藻类。海藻中含有大量碘、蛋白质、维生素E等多种营养物质，经常食用，不仅能均衡营养，更有美白嫩肤的辅助作用。

做法

清洗焯烫 ———→ ## 调味

1 海藻用清水洗净泡开。

2 将海藻放入沸水锅中，迅速焯烫一下，捞出过凉水备用。

3 取一只小碗，将盐、白糖、醋和蚝油拌匀制成调味汁。

4 将调味汁浇在海藻上，撒上熟白芝麻即可。

烹饪秘籍

如果你买到的是已经加工处理过的即食海藻，则不需要冲洗和焯烫的过程，只要根据自己的喜好调味即可。

古法发酵出的美丽秘密
日式暖姜味噌沙拉

- 时间 20 分钟
- 难度 低
- 总热量 44 千卡

味噌是大豆加上盐发酵而成的调味品。在发酵过程中，微生物可以产生丰富的营养元素。

主料 圆白菜 1/4 个（约 200 克）
辅料 苹果醋 1 汤匙｜芝麻酱 1/2 汤匙
味噌 1/2 汤匙｜姜蓉少许
海苔碎少许｜熟芝麻少许

做法

切备冷藏

1 圆白菜去掉外层老叶和根部，清洗干净后切成尽可能细的丝。

2 将圆白菜丝放入冰水中浸泡两三分钟，然后沥干，放入冰箱冷藏。

调味

3 芝麻酱和味噌放入碗中，加入适量饮用水稀释成顺滑的酱汁。然后加入苹果醋和姜蓉再次调匀。

4 将圆白菜丝取出，淋上酱汁并撒上海苔碎和熟芝麻即可。

烹饪秘籍

调制酱汁时不宜调得太稀，以酱汁能够附着在圆白菜丝表面的浓稠度为最佳。

在日本美食片中出镜频率最高的沙拉就是圆白菜沙拉，冰过的圆白菜清爽可口，非常适合夏天食用。富含膳食纤维的圆白菜还可通肠排毒，缓解便秘。

主料	圆白菜 1/4 个（约 200 克） 鸡蛋 1 个
辅料	沙拉酱少许 海苔碎少许

让你度过清爽夏天
日式圆白菜沙拉

时间
15 分钟

难度
低

总热量
116 千卡

做法

浸泡切备

1 圆白菜洗净切成细丝，放入冰水中备用。

2 鸡蛋放入锅中煮熟后捞出，放凉，剥壳，切成片状。

调味搅拌

3 将圆白菜捞出，沥干后加入沙拉酱拌匀。

4 将圆白菜装盘，放上鸡蛋片后撒上海苔碎即可。

烹饪秘籍

鸡蛋最好煮至九成熟，约10分钟。煮太久的鸡蛋在切片时，蛋黄容易碎裂。

万条垂下绿丝绦
酸辣海米莴笋沙拉

时间
20 分钟

难度
中

总热量
68 千卡

主料 莴笋 1 根（约 200 克）
　　 海米 20 克
辅料 小米辣 1 个
　　 白醋少许
　　 盐少许
　　 白糖少许

🔥 海米是将海虾用盐水焯熟、晒干、揉搓去皮而制成的。古人对其有"曲身小子玉要职，二寸银须一寸肌"之咏。海米味道鲜醇，煎炒蒸煮拌皆宜，还有补肾壮阳、抗衰老的功效。

做法

浸泡切备 —1

海米用清水浸泡1小时左右，泡软后捞出沥干。

— 2

莴笋洗净，去皮后切成尽可能细的笋丝；小米辣切成圈备用。

— 3

汤锅中加入适量水煮沸，放入莴笋丝烫20秒左右，捞出过凉水。

混合调味 —4

再将泡好的海米也下入锅中，烫30秒后捞出过凉水。

— 5

将放凉的莴笋丝和海米捞出，挤干水。

— 6

加入白醋、盐、白糖和小米辣调匀即可。

烹饪秘籍

可以用米醋或果醋代替白醋，吃起来会有一种非常特别的果香味，酸酸辣辣好过瘾。

消夏开胃餐
泰式白萝卜沙拉

⏱ 时间 35 分钟	难度 中	☀ 总热量 103 千卡

主料 白萝卜 1/2 根（约 300 克）
　　　海米 20 克
辅料 白糖 2 茶匙 ┃ 盐 1 茶匙
　　　柠檬 1 个 ┃ 鱼露适量
　　　香菜 2 棵 ┃ 蒜末 1/2 茶匙
　　　小米辣 3 个 ┃ 熟花生碎适量

🔥 白萝卜生食熟食均可，具有促进消化、增强食欲、加快胃肠蠕动、宽肠通便和止咳化痰的作用。民间自古就流传着"冬吃萝卜夏吃姜，不劳医生开药方"的谚语。

做法

切备制汁

1 白萝卜洗净后刮去表皮，切成和手指长短、筷子粗细差不多的条状。

2 将白萝卜放入保鲜袋中，加入1茶匙盐抓匀。静置一会儿，使白萝卜中多余的水分渗出。
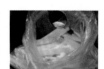

3 海米用清水泡软，将泡过海米的水留下备用，海米切成碎末。香菜切末，小米辣切碎。

4 蒜末、香菜末、小米辣碎、海米碎放入一个大碗，加入少许泡海米水后挤入柠檬汁，拌匀成调料汁。

装盘调味

5 将白萝卜取出，沥干后铺于盘底。

6 在调料汁中加入鱼露和白糖，再次拌匀后淋在白萝卜上。

7 撒上适量熟花生碎，吃之前拌匀即可。

烹饪秘籍

为了让萝卜中的水分更快渗出，可以将保鲜袋中的空气排出，然后用重物压在保鲜袋外侧，利用重力的作用将水分压出。

🔥 樱桃萝卜又叫水果萝卜,特别适合做西餐中的配菜或做沙拉生食。樱桃萝卜没有辛辣的味道,嚼起来水分丰富、细嫩清甜。这款沙拉有助于消脂塑形、保持苗条体态。

酸甜可口,色彩丰富
樱桃萝卜沙拉

⏱ 时间
20 分钟

🍐 难度
中

☀ 总热量
115 千卡

主料　樱桃萝卜 100 克
　　　橙子 1 个(约 200 克)
辅料　柠檬汁少许
　　　白糖 1 茶匙
　　　苦菊叶少许

做法

准备

1 樱桃萝卜洗净,切成薄片。片的厚度约为3毫米,有些半透明的状态最好。

2 橙子切开,将果肉剥出来备用。

调味混合

3 将橙子肉、樱桃萝卜片放入大碗中,加入白糖和柠檬汁拌匀。

4 苦菊叶洗净,一片片择下,用厨房纸巾擦干后也放入大碗中拌匀即可。

烹饪秘籍

橙皮和柠檬皮中富含一种特殊的芳香物质,可以用刮刀将橙皮和柠檬皮外层薄薄地刮下来,用糖腌渍成糖渍橙皮或糖渍柠檬皮,与沙拉一同拌食,会有不同的风味。

越吃越瘦的秘密
酸甜黄瓜沙拉

⏱ 时间	🔥 难度	☀ 总热量
40 分钟	低	127 千卡

🔥 这道沙拉适合夏季食用，酸辣爽口，放在冰箱里冰镇30分钟，还能享受到冰凉的口感。黄瓜的维生素和水分含量很高，热量却很低，是减肥时期的好食材。

主料　黄瓜 150 克｜胡萝卜 100 克
　　　红甜椒 50 克｜紫洋葱 20 克
辅料　油醋汁（011页）30 毫升
　　　黑胡椒碎、黑芝麻各适量

做法

切备混合

1　将黄瓜、胡萝卜清洗干净，改刀切成菱形片待用。

2　红甜椒和洋葱清洗干净，用刀切成细丝待用。

3　取一个干燥的沙拉碗，依次将黄瓜片、胡萝卜片、红甜椒丝和洋葱丝放入。

调味

4　碗中倒入油醋汁，和碗中的食材充分搅拌均匀。

5　最后撒入适量的黑胡椒碎和黑芝麻，腌制30分钟后即可食用。

烹饪秘籍

沙拉腌制的时间不要过长，最长30分钟即可，否则会降低食材的含水量，影响口感。

豆苗也叫豌豆苗，其叶清香、质柔嫩、滑润爽口，色、香、味俱佳。豌豆苗营养丰富，含有人体必需的多种氨基酸，而且热量极低，是瘦身人群的好选择。

自己种的美味蔬菜
豆苗肉松沙拉

时间 15 分钟   难度 低   总热量 232 千卡

主料   豆苗 100 克
      肉松 50 克
辅料   海苔适量

做法

准备

取一张海苔，剪成宽约3厘米，长约10厘米的长条。 **1**

卷制定形

将裁剪好的海苔铺于台面，取适量豆苗放在中间。 **2**

用勺子盛少许肉松，放在豆苗上。 **3**

将海苔自下而上卷起，末端抹少许水封口即可。 **4**

烹饪秘籍

可以自己买些豌豆种子，放入容器中，用少许清水浸泡发芽。每日换水两次，四五天后就可以食用了。

懒人最爱的沙拉
蒜香荷兰豆沙拉

时间	难度	总热量
15 分钟	低	124 千卡

主料 荷兰豆 150 克
　　　红甜椒 50 克
　　　胡萝卜 50 克
辅料 油醋汁（011页）30毫升
　　　蒜末 15 克
　　　盐少许

🔥 大蒜的香气可以为平淡无奇的荷兰豆增香，搭配着荷兰豆脆嫩的口感，这是一份有创意的爽口沙拉。荷兰豆看起来不起眼，但具有很好的通便效果，是瘦身人士喜欢的食材之一。

做法

焯荷兰豆 —1

荷兰豆洗净，去掉两头的蒂，沥干备用。

— 2

锅中烧热水，放入荷兰豆焯烫1分钟，捞出，过凉水，沥干待用。

— 3

将焯烫好的荷兰豆斜切成两段，待用。

切备 —4

红甜椒洗净，沥干后切成菱形片，待用。

— 5

胡萝卜去皮，洗净，沥干后切成和红甜椒片一样大小的菱形片。

混合调味 —6

将处理好的食材一同放入沙拉碗中，加入蒜末。

— 7

接着将油醋汁和盐加入碗中，搅拌均匀，即可食用。

烹饪秘籍

新鲜的荷兰豆带有甜甜的滋味，所以这道沙拉可以不用加糖，这样能品尝到食材的本味。

美容瘦身又养颜
银耳芝麻菜沙拉

时间
20 分钟

难度
低

总热量
117 千卡

🔥 银耳、芝麻菜和樱桃萝卜的搭配营养丰富、色彩靓丽，一道简单易做的中式减肥沙拉。

主料 芝麻菜 50 克｜泡发银耳 150 克
樱桃萝卜 3 个（约 100 克）
红甜椒丝适量

辅料 苹果醋 30 毫升｜盐少许
柠檬汁 5 毫升

做法

煮银耳

1 泡发的银耳再次用清水冲洗干净，去掉老根，用手撕成小朵。

2 锅中烧水煮沸，将撕成朵的银耳下锅焯2分钟，捞出，沥干待用。

切备

3 芝麻菜去除根部和纤维茎，留下的叶子清洗干净，沥干待用。

4 樱桃萝卜清洗干净，切成片待用。

混合调味

5 沙拉碗中依次放入上述食材，加入苹果醋和盐，充分拌匀。

6 食材装盘，均匀淋上柠檬汁，最后点缀红甜椒丝，即可食用。

烹饪秘籍

这道沙拉中的"苹果醋"是点睛之笔，它的加入能提升整道沙拉的口感，清爽之中又带有一丝果香。

西柚和洋葱看起来像是不相干的两者，但它们的结合却能带给人不一样的味道！减脂期间开动脑筋，让自己吃得更丰富多彩一些吧！西柚富含维生素C，而糖分含量很少。

清爽鲜甜的味蕾享受
洋葱西柚沙拉

时间 10 分钟 | 难度 低 | 总热量 219 千卡

主料　西柚 2 个（约 380 克）
　　　洋葱 1 个（约 90 克）
　　　芹菜 50 克
辅料　油醋汁（011 页）30 毫升 | 盐 2 克
　　　红甜椒丝少许

做法

准备

1 将西柚对半切开，取出果肉，切成小块待用。

2 洋葱、芹菜分别洗净，洋葱切成细丝，芹菜斜切成小段，待用。

混合调味

3 取一个干燥的沙拉碗，将上述处理好的食材放入碗中，放入油醋汁、盐，充分搅拌。

4 食材装盘，最后点缀红甜椒丝，即可食用。

烹饪秘籍

芹菜最好选择细嫩一些的香芹，这样吃起来的口感和味道会更好。

混搭风格，造就别样美味
芦笋草莓沙拉

时间	难度	总热量
15 分钟	低	137 千卡

酸酸甜甜的草莓搭配鲜嫩的芦笋和芝麻菜，再搭配专属的酱汁，使这道沙拉有独特的味道。芝麻菜是一种可以入药的植物，有很好的利尿功效，可以加快人体内水分代谢，减少身体浮肿。

主料　草莓 100 克｜芦笋 150 克
　　　芝麻菜 50 克
辅料　油醋汁（011页）30 毫升｜柠檬汁 5 毫升
　　　草莓果酱 10 克｜盐少许

油醋汁（011页）

烹饪秘籍

1. 草莓用淡盐水浸泡，可以有效去除
   果实表面的农药残留。
2. 焯芦笋的时间不宜过长，当看到芦
   笋变色时就可以捞出，以保持爽脆
   的口感。

做法

切备草莓 —1

用清水冲洗掉草莓表面
的灰尘，放在淡盐水中
浸泡10分钟。

—2

将浸泡好的草莓去蒂，
沥干后对半切开，备用。

焯制芦笋 —3

芦笋洗净，去掉根部老
皮，放入加了盐的沸水
中焯制，看到芦笋变色
后立即捞出，过凉水，
沥干。

—4

将焯好的芦笋斜切成
3厘米左右的长段，
备用。

混合调味 —5

芝麻菜洗净，沥干水
分，撕成适口的小段。

—6

将处理好的芦笋、草莓
和芝麻菜一起放入碗
中，倒入油醋汁和柠檬
汁，搅拌均匀。

—7

最后淋上草莓果酱，即
可食用。

给味觉带来别样的刺激
酸辣芦笋沙拉

⏱ 时间 **15 分钟**　　👍 难度 **低**　　☀ 总热量 **152 千卡**

主料　芦笋 150 克｜红尖椒 50 克
　　　　胡萝卜 50 克
辅料　蒜末 10 克｜泰式酸辣酱（013页）30 克
　　　　熟黑芝麻少许｜盐少许
　　　　柠檬汁 2 毫升

做法

焯制芦笋

1　芦笋洗净，去掉根部老皮，放入加了盐的沸水中焯烫，看到芦笋变色后立即捞出，过凉水，沥干。

2　将焯烫好的芦笋斜切成3厘米左右的长段，备用。

切备

3　胡萝卜去皮，洗净，沥干后斜切成菱形片，备用。

4　红尖椒洗净，沥干后切成3厘米的细丝，备用。

混合调味

5　将以上处理好的食材全部放入碗中，加入蒜末、泰式酸辣酱和柠檬汁，搅拌均匀。

6　最后撒上熟黑芝麻，即可食用。

🔥 芦笋这样简单的食材，因为酸辣酱的加入，瞬间有了不一样的格调！芦笋含有多种氨基酸、热量低，经常食用能增强身体的免疫力，同时还有减脂的功效。

烹饪秘籍

芦笋先焯烫再切段，可以最大限度地保持芦笋的营养成分不流失。

冰草中富含氨基酸、胡萝卜素，天然的植物盐可以补充人体流失的盐分。圣女果可清热排毒、帮助消化。

主料　圣女果 500 克｜冰草 200 克
辅料　橄榄油 2 汤匙｜黑胡椒粉少许
　　　盐 1/2 茶匙｜沙拉汁适量

奇妙而和谐的爽口沙拉
圣女果冰草沙拉

时间	难度	总热量
70 分钟	低	178 千卡

做法

切备腌制

圣女果洗净，对半切开。 1

在圣女果中加入橄榄油、盐和黑胡椒粉抓匀。 2

烤制

将圣女果平铺在烤盘中，180℃烤制1小时左右。 3

混合调味

在烤制圣女果的过程中，将冰草洗净，掰成适合入口的大小。 4

将烤好的圣女果取出，与冰草拌匀后放入冰箱中冷藏1小时以上。 5

取出拌好的沙拉，淋上适量沙拉汁拌匀即可。 6

烹饪秘籍

烤好的橄榄油圣女果如果一次吃不完，可以放在干净的密封罐中，倒入足量橄榄油没过圣女果，入冰箱冷藏保存，做番茄意大利面时使用也非常合适。

把春天吃进肚子里
番茄香芹沙拉

时间	难度	总热量
30 分钟	低	112 千卡

五彩斑斓的蔬菜像极了春天的感觉，口蘑的软嫩赋予沙拉崭新的口感，香芹能加速肠胃蠕动；圣女果有延缓衰老的功效。

主料　香芹 100 克｜口蘑 4 个（约 50 克）
　　　圣女果 100 克
辅料　蒜末 15 克｜黑胡椒碎 6 克
　　　盐 2 克｜橄榄油 1 茶匙
　　　法式芥末沙拉酱（014 页）30 克

烹饪秘籍

将口蘑和圣女果放进平底锅中煎一下，能更好地散发出食材本身的香味。香芹是一种可以生吃的食材，如果不喜欢生吃，放入水中汆烫一下也可以。

做法

煎口蘑 —1

口蘑洗净，沥干后切成片，放入碗中。

—2

向碗中加入部分盐和黑胡椒碎，搅拌均匀，腌制片刻。

—3

平底锅烧热，锅底刷一层橄榄油，将腌制好的口蘑片放入锅中煎至两面金黄色，盛出备用。

煎圣女果 —4

圣女果洗净，沥干后对半切开，放入碗中。

—5

接着向碗中加入蒜末和剩余的盐、黑胡椒碎，搅拌均匀。

—6

将处理过的圣女果放入平底锅中煎炒1分钟，盛出，备用。

混合调味 —7

香芹洗净，去掉根部，沥干后切成2厘米左右长的小段，备用。

—8

将以上处理好的食材装盘，倒入法式芥末沙拉酱，搅拌均匀，即可食用。

素食的力量
双色圣女果苦菊沙拉

🕐 时间
15 分钟

👍 难度
低

☀ 总热量
74 千卡

主料 双色圣女果 100 克
　　 苦菊 100 克
　　 紫甘蓝 2 片（约 50 克）
　　 樱桃萝卜 1 个（约 20 克）
辅料 油醋汁（011 页）适量

🔥　苦菊甘中略带苦味，颜色碧绿，可炒食或凉拌，是清热去火的佳品，也有抗菌、消炎、明目、排毒等作用。

做法

准备 ━━━━━━━━➤ **组合调味**

1 双色圣女果洗净，对半剖开。

4 将所有食材在一个大碗中混合均匀，淋入适量油醋汁拌匀即可。

2 苦菊一片片择下洗净；紫甘蓝洗净，切成细丝。

3 樱桃萝卜洗净，切成薄片。

烹饪秘籍
在炎炎夏日里可以用保鲜膜封好容器，将沙拉放入冰箱中冷藏1小时以上再食用，这款健康少油的素食沙拉会变得更加脆爽。

冰凉清爽，盛夏新宠
黑椒罗勒冰番茄

时间
15 分钟

难度
低

总热量
80 千卡

主料　圣女果 200 克｜番茄汁 200 毫升
辅料　初榨橄榄油 1 茶匙｜海盐 1/2 茶匙
　　　黑胡椒碎 1/4 茶匙｜罗勒叶 10 克

烹饪秘籍

番茄汁可以用纯净水代替，再加些罗勒叶、薄荷叶，味道也很清新。

做法

清洗去皮

1　圣女果洗净，顶面十字刀划开表皮。

2　汤锅加足量清水烧开，放入圣女果烫30秒。

3　捞出圣女果，放入冰水降温，剥去圣女果外皮。

冷藏

4　将去皮圣女果和番茄汁装入容器密封，放入冰箱冷藏2小时。

调味

5　取出圣女果，放入沙拉碗中，加海盐、黑胡椒碎、橄榄油调味。

6　将圣女果装盘，点缀罗勒叶即可。

粉红少女的最爱
春日草莓沙拉

时间 30 分钟　　难度 低　　总热量 308 千卡

主料　草莓 200 克｜腰果仁 30 克
　　　红甜椒 30 克｜黄甜椒 30 克
辅料　油醋汁（011 页）30 毫升｜盐少许

草莓含有丰富的维生素C和膳食纤维，可以起到预防便秘的作用，经常食用还能美容嫩肤。这样的食材搭配色彩艳丽的甜椒是不是感觉更加少女心了呢？

做法

切备浸泡 ⟶ 混合调味

1 用清水冲去草莓表面的灰尘，放入淡盐水中浸泡10分钟。

2 将浸泡好的草莓取出，沥干后对半切开，放入碗中，备用。

3 红甜椒洗净，沥干后切成小菱形块，备用。

4 黄甜椒洗净，沥干后切成小菱形块，备用。

5 将红甜椒和黄甜椒放入装有草莓的碗中。

6 碗中加入油醋汁，搅拌均匀，接着放入冰箱中冷藏15分钟。

7 将草莓沙拉从冰箱中取出，撒入腰果仁，即可食用。

烹饪秘籍

冰镇后的草莓沙拉味道会更好，搭配冰激凌吃口感更佳。

清爽补水的消夏之王
西瓜草莓薄荷沙拉 +
蜂蜜西瓜汁

时间	难度	总热量
25 分钟	低	185 千卡

西瓜中不含脂肪和胆固醇，在燥热的夏天里，脆爽的西瓜沙拉和西瓜汁开胃又解暑。

主料　西瓜 1/2 个（约 500 克）
　　　草莓 200 克
辅料　蜂蜜 1 汤匙｜薄荷叶少许
　　　奶酪少许

做法

制作饮品

1 将西瓜去皮，果肉切成3厘米见方的小块。

2 选出完整的方形果肉，其他部位留下榨汁使用。

切备

3 草莓洗净，顶端切一刀去掉果蒂。

4 奶酪切成高1厘米，长宽均为3厘米的小块。

组合造型

5 用牙签依次将西瓜块、薄荷叶、奶酪块和草莓穿起来就可以了。

6 剩余的西瓜果肉放入料理机中，加入蜂蜜和饮用水搅打均匀。倒入杯中后点缀上几片薄荷叶即可。

烹饪秘籍

如果不喜欢薄荷叶强烈的气味，可以将薄荷叶换成生菜叶、苦菊或芝麻菜等绿色叶片。

🔥 百香果的果汁中含有一百多种化合物，可以散发出多种热带水果的香气，因而被称为百香果。百香果富含多种营养物质，可以美白肌肤，增强人体免疫力。

主料 茉莉花茶 10 克
百香果 2 个（约 50 克）
苹果 1 个（约 200 克）
布朗 1 个（约 100 克）
牛油果 1/2 个（约 50 克）
辅料 意式沙拉汁少许

天然植物美白丸
百香果淋汁沙拉 +
百香果茉莉花茶

| ⏱ 时间 30 分钟 | 🌶 难度 低 | ☀ 总热量 274 千卡 |

做法

冲泡搅打

1 用 90℃左右的热水冲泡茉莉花茶 1 分钟左右，过滤后留下茶汤，放凉备用。

2 将 1 个百香果对半切开，取果肉与茉莉花茶混合均匀即成百香果茉莉花茶。

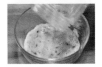
3 取另 1 个百香果切开，取出果肉和果汁，加入 2 汤匙饮用水，放入料理机中搅打成有颗粒感的汁。

混合搅拌

4 苹果和布朗洗净，切成适宜入口的块。

5 用少许意式沙拉汁将苹果块、布朗块拌匀。

6 牛油果切成适宜入口的块，铺在拌好沙拉汁的水果上，最后淋上百香果汁即成百香果淋汁沙拉。

烹饪秘籍

百香果子嚼起来有种瓜子的香气，在打百香果汁的过程中尽量不要搅拌得过碎，可以更好地保留咀嚼百香果子的快感。

121

满满的益生菌

水果酸奶沙拉 +
山竹火龙优酪乳

时间
20 分钟

难度
中

总热量
286 千卡

主料　火龙果 1 个（约 300 克）
　　　草莓 3 个（约 50 克）
　　　猕猴桃 1 个（约 100 克）
　　　山竹 1 个（约 50 克）
辅料　酸奶适量

牛奶经过发酵后制成的酸奶，还保留着牛奶中的蛋白质和钙质，同时在发酵过程中还产生了乳酸菌，能够有效抑制肠内腐败细菌的繁殖，从而促进肠道蠕动，达到排毒减肥的效果。

做法

切备 —1

火龙果对半切开，取其中的一半，去皮切丁。

—2

用勺子将另一半火龙果内多余的果肉挖干净，留下外皮备用。

—3

猕猴桃去皮，切成1厘米见方的小丁；草莓洗净，对半切开。

装填 —4

把火龙果丁、猕猴桃丁和草莓放入火龙果外皮中，淋上酸奶，即成水果酸奶沙拉。

制作饮品 —5

将山竹剥开，取出果肉。

—6

把山竹果肉和多余的火龙果肉放入料理机中，加入适量酸奶，搅打均匀即成山竹火龙优酪乳。

烹饪秘籍

水果中的含水量多，最好选用较为浓稠的酸奶更有质感，也不容易流得到处都是，破坏造型。

全家老少皆宜
彩虹水果沙拉

时间	难度	总热量
15 分钟	低	271 千卡

主料　草莓 100 克｜香蕉 1 根（约 90 克）
　　　猕猴桃 1 个（约 60 克）
　　　大粒葡萄 10 颗（约 85 克）
　　　木瓜 50 克｜蓝莓 20 克
辅料　酸奶沙拉酱（013 页）30 克｜蜂蜜 10 克
　　　盐少许

🔥　水果中富含多种维生素，为身体提供必要的营养素，每天适度吃些水果可以增强体质。

做法

浸泡 ➡️ **切备**

1　蓝莓和葡萄用清水洗净，放入淡盐水中浸泡10分钟。

2　草莓用清水冲去灰尘，去掉蒂部，放入淡盐水中浸泡10分钟。

3　将泡好的草莓取出，沥干后切成四瓣，备用。

4　香蕉去皮，滚刀切成小块，备用。

5　猕猴桃去掉果皮，切成小块，备用。

混合调味 ⬅️

8　将以上全部食材按照颜色渐变顺序分层码放好，最后淋上酸奶沙拉酱和蜂蜜，即可食用。

6　木瓜去掉果皮，切成小块，备用。

烹饪秘籍

为了能达到彩虹的效果，水果的种类最好不要少于四种，最好有红色、黄色、绿色和紫色的水果。

7　将浸泡好的葡萄取出，沥干后对半切开；蓝莓取出，沥干，备用。

唇齿留香
西柚沙拉 + 西柚酸奶

🕐 时间 **40** 分钟　　🔥 难度 **中**　　☀ 总热量 **289** 千卡

🔥 西柚富含维生素P，可以增强皮肤弹性、缩小毛孔。同时西柚的热量很低，减肥健身人士的食谱中少不了它。

主料　西柚 1 个（约 400 克）
　　　　白菜 4 片（约 100 克）
　　　　酸奶 150 克
辅料　蔓越莓干少许｜桂圆干少许

做法

准备

1　将西柚果肉剥出，尽量保持果肉的完整。

2　蔓越莓干和桂圆干用温水泡软备用。

3　白菜洗净，将白菜切成细丝。

浸泡出水

4　白菜丝放入冰水中浸泡10分钟左右，捞出沥干。

混合搅打

5　将白菜丝、一半西柚果肉、蔓越莓干和桂圆干混合，淋入少许酸奶，即成西柚沙拉。

6　剩余的一半西柚果肉和酸奶放入料理机中，搅打均匀，即成西柚酸奶。

烹饪秘籍

包裹西柚果肉的白色薄膜味道较苦，为了不影响沙拉和酸奶的味道，需要尽量小心仔细地将这层白色薄膜去除干净。

Chapter

健康饱腹的膳食纤维

多吃杂粮，远离亚健康
糯米荞麦小窝头

 时间
90 分钟

 难度
中

 总热量
807 千卡

主料 荞麦面粉 100 克 | 糯米面粉 50 克
中筋面粉 40 克 | 玉米面粉 30 克
辅料 酵母粉 5 克 | 红糖 5 克

🔥 荞麦面升糖指数低，营养价值高。加入糯米粉改善了口感，成为小朋友都能爱上的窝头。蒸小窝头完全不用担心技术哦，面发得好不好，窝头捏得漂亮不漂亮，都没关系。只要做出来，就赢在健康、赢在口感啦。

做法

和面 ➜ 制坯

1 小碗中放入酵母粉、红糖，加135毫升清水拌匀，静置10分钟。

2 在大料理盆中加入所有面粉，用筷子混合均匀。

3 将酵母水倒入面粉中间，用筷子不断搅拌至呈絮状。

4 用手和成团，揉2分钟。

5 封上保鲜膜，温暖处发酵60分钟。

6 将面团分成大约60克一个，揉成小面团，收口向下放置。

7 用拇指顶住面团底部，慢慢转圈将拇指按入面团内，搓成窝头的形状。

蒸制

8 蒸锅加水，放入窝头，水开后大火蒸20分钟即可。

烹饪秘籍

杂粮比较多，加酵母粉只能适当使窝头暄软一些，想要更暄软，可以增加中筋面粉的比例。
不想捏窝头，就做成小小的馒头也是一样美味。

面条的闪亮变身
凉拌荞麦面沙拉

时间
25分钟

难度
中

总热量
704千卡

荞麦面含有丰富的蛋白质及膳食纤维，具有良好的预防便秘作用。其做法有很多，可以把它以沙拉的形式来演绎，营养不变，口味却又有了新变化，这大概就是沙拉的魅力。

主料 荞麦面 150 克 | 牛油果 1 个（约 100 克）
圣女果 6 颗（约 105 克）
花生碎 10 克
辅料 油醋汁（011 页）30 毫升

烹饪秘籍

如果在夏天食用，为了
追求口感，也可以将煮
过的荞麦片放入冰箱冷
藏20分钟后再拿出来，
喜欢吃辣的人可以加入少量小米椒。

做法

煮面 —1

锅中加水煮沸，下入荞
麦面。

— 2

荞麦面煮熟后捞出，过
凉水，沥干后放入碗中
待用。

制酱 —3

牛油果对半切开，去掉
果核，挖出果肉切成小
块备用。

— 4

圣女果洗净，沥干，对
半切开备用。

— 5

将牛油果和圣女果一
起放入料理机中搅打
成泥，随后倒入沙拉
碗中。

搅拌调味 —6

将搅打好的果泥倒在荞
麦面上。

— 7

淋上油醋汁，继续翻拌
均匀，最后撒上花生碎
即可食用。

吃碗面也是有讲究的
猪肚拌荞麦面

🕐 时间
20 分钟

💧 难度
低

☀ 总热量
456 千卡

🔥 猪肚的嚼劲加上荞麦面的清香，浇上简单美味的调料，清清爽爽，营养健康，很适合在炎热的夏天来一盘。

主料 熟猪肚 100 克｜荞麦面 100 克
辅料 香油 1 茶匙｜蒸鱼豉油 1 汤匙
　　　 白砂糖 1/2 茶匙｜白胡椒粉 1/2 茶匙
　　　 大蒜 10 克｜香菜 10 克
　　　 小米辣 10 克

做法

准备

1 猪肚切细条，大蒜压成蒜泥，香菜切段，小米辣切圈。

煮面浸凉

2 汤锅加足量清水烧开，放入荞麦面煮至九成熟。

3 捞出荞麦面，过冷水，控干备用。

混合调味

4 在大沙拉碗中加入所有材料，拌匀即可。

烹饪秘籍

荞麦面煮好，放流动水下用手轻轻搓洗，将表面淀粉都洗掉，吃起来口感更清爽。

🔥 添加适当的调味料，蒸出的大麦饭油润发亮，颗颗有嚼头。搭配芦笋、煎蛋，营养更全面。

主料 大麦 100 克｜芦笋 100 克
可生食鸡蛋 1 个

辅料 橄榄油 1 茶匙｜油 2 茶匙
海盐 1/2 茶匙｜盐 1/2 茶匙
黑胡椒碎 1/4 茶匙｜鸡汁 1/2 茶匙
洋葱 20 克｜香芹 20 克

尽善尽美的粗粮饭
溏心蛋大麦饭

⏱ 时间 40 分钟　　🥄 难度 中　　☀ 总热量 429 千卡

做法

切备煮饭

1 芦笋去老根，切长段。洋葱切细末，香芹切细末。大麦洗净控水。

2 将大麦、洋葱、香芹、鸡汁、盐、油放入电饭锅。

3 加300毫升清水，开启煮饭模式。

煎制

4 不粘平底锅加橄榄油烧热，磕入鸡蛋，煎至蛋白凝固盛出。

5 原锅继续加入芦笋，翻炒至熟，加海盐、黑胡椒碎调味。

组合装盘

6 深盘中放入大麦饭、芦笋、煎蛋即可。

烹饪秘籍

两只手分别捏住芦笋的中部和尾端，轻轻掰断芦笋，掰下的根部就是老根，可以不要。

杂粮煎饼卷

全能美味，新鲜卷起来

时间
20 分钟

难度
低

总热量
434 千卡

主料 山东煎饼 1 张 | 鸡蛋 2 个
辅料 油 15 毫升 | 盐 1/2 茶匙
　　　 牛奶 30 毫升 | 小葱 20 克

🔥 山东煎饼是一个被低估了的快捷食品。用的面粉还是健康的粗粮，有豆面的、小米面的、紫米面的、玉米面的……单吃都好吃，再卷着各种菜在一起，美味升级。

做法

混合蛋液 ➡️ 煎制蛋饼

1 小葱洗净，切末。

2 鸡蛋磕入碗中打散，加盐、牛奶、小葱末搅匀。

3 玉子烧锅加入油烧热，放入蛋液，碗底留下一点蛋液。

4 将锅中的蛋液煎成厚蛋饼。

煎制切段 ⬅️ 卷饼 ⬅️

7 封口处向下，放入不粘锅，将煎饼卷煎至两面金黄。

8 取出煎饼卷，切段即可。

5 把山东煎饼铺在砧板上，中间放蛋饼，将煎饼切成比厚蛋饼稍大的尺寸。

6 将煎饼卷起，接口处抹剩余的蛋液。

烹饪秘籍

卷起的那边煎饼可以稍微长一些，这样卷过去才能对接上，方便封口。可以买现成的山东煎饼，是即食食品，非常方便。

品一品粗粮面包的新变化
油醋黑麦面包粒

🕐 时间 20分钟 ｜ 🔥 难度 低 ｜ ☀ 总热量 457 千卡

🔥 黑麦面包富含膳食纤维，粗糙不好入口，切成小粒，煎得焦焦脆脆的，搭配蔬菜、水果、奶酪，又营养又好吃。

主料 黑麦面包 2 片｜圣女果 60 克
青苹果 50 克｜奶酪粒 50 克
辅料 橄榄油 1 汤匙｜意式油醋汁 1 汤匙
柠檬汁 1/2 茶匙｜罗勒叶 10 克

做法

切备

1 黑麦面包片切小块。

2 圣女果对半切开，去子、切块。

3 青苹果洗净，切粒，拌入柠檬汁备用。

煎制

4 不粘锅加橄榄油，放入黑麦面包粒，两面煎至焦脆。

混合调味

5 将面包粒、圣女果粒、青苹果粒、奶酪粒放入大沙拉碗中拌匀。

6 淋油醋汁，点缀罗勒叶即可。

烹饪秘籍

圣女果的汁水较多，为了保持面包的酥脆，要把内瓤的子和汁去掉。

🔥 大地色的健康全麦面包加上绿色的牛油果，放上一颗完美煎蛋，太好看了，太美味了。

| 主料 | 牛油果 1/2 个｜可生食鸡蛋 1 个 全麦面包 1 片 |
| 辅料 | 橄榄油 3 毫升｜海盐 1/4 克 黑胡椒碎 1/4 茶匙｜红椒粉 1/4 茶匙 柠檬汁 1/4 茶匙｜奶酪酱 1 茶匙 |

最耀眼的主角
牛油果泥全麦三明治

⏱ 时间 15 分钟　🔥 难度 低　☀ 总热量 351 千卡

做法

制作果泥

1 牛油果沿着果核深切一圈，拧开。撕去果皮，挖去果核。

2 把牛油果放入沙拉碗中，加柠檬汁，用叉子碾碎备用。

煎蛋

3 不粘锅烧热，加橄榄油，打入鸡蛋，调中小火煎至蛋白定形，盛出备用。

组合

4 在全麦面包上均匀涂抹奶酪酱。

5 铺上牛油果泥，撒红椒粉及一半海盐，一半黑胡椒碎。

6 再放上煎蛋，撒另一半海盐和黑胡椒碎即可。

烹饪秘籍

剩余的牛油果可以用保鲜膜包裹好，放冰箱冷藏保存。

精致的潮流小点
杂蔬粗粮迷你挞

时间 60 分钟　难度 中　总热量 1016 千卡

主料　冻蛋挞皮 6 个｜小西葫芦 50 克
　　　贝贝南瓜 50 克｜甜椒 50 克
　　　西蓝花 50 克｜玉米粒 40 克
辅料　橄榄油 1 汤匙｜盐 1/2 茶匙
　　　黑胡椒碎 1/2 茶匙｜帕马森干酪碎 30 克
　　　马苏里拉奶酪碎 40 克｜玉米面 20 克
　　　鸡蛋液 30 毫升｜牛奶 60 毫升

没有自己做挞皮的烦恼，只需放上馅料，摆上美美的蔬菜，送进烤箱就可以啦。一个小小的挞皮上汇聚了多种蔬菜，加入玉米粉平衡质感，增加粗粮的摄入。

做法

清洗混合 ➤ 制馅预热

1 西葫芦、南瓜、甜椒、西蓝花洗净，控干。

2 西葫芦切扇形厚片，南瓜切 4 厘米长的片，甜椒切块，西蓝花掰成小朵。

3 将所有蔬菜放入大沙拉碗中，加入橄榄油、盐、黑胡椒碎和帕马森干酪碎拌匀。

4 在小料理盆中加入鸡蛋液、马苏里拉奶酪碎、牛奶、玉米面搅拌均匀。

5 烤箱 200℃预热，将挞皮摆放入烤盘。

装填烤制 ◄

6 把玉米面糊倒入蛋挞皮，装六分满即可。

7 摆上拌好的蔬菜，撒上碗中剩余的帕马森干酪碎。

8 放入烤箱中层烤 20 分钟即可。

烹饪秘籍

有了现成的蛋挞皮，做什么都变得简单了。可以将冻蛋挞皮换成冻比萨饼皮，玉米面糊换成番茄意面酱，稍作修改就变成杂蔬比萨啦。

米饭别样新吃法
煎米饼西葫芦沙拉

时间
35分钟

难度
中

总热量
545 千卡

剩余的米饭扔掉浪费，做成蛋炒饭又实在没新意，不妨试一下这道料理吧，稍微花点心思就能变成特别的米饼。西葫芦富含膳食纤维，常食可以减肥瘦身，米饼中间夹了满满的料，吃起来相当满足。

主料　剩米饭 150 克 | 西葫芦 150 克
　　　瘦肉火腿 2 片（约 45 克）
　　　鸡蛋 1 个（约 50 克）| 苦苣 20 克
辅料　花生油 10 克 | 盐少许
　　　蛋黄沙拉酱（011 页）20 克 | 黑芝麻少许

（011 页）

烹饪秘籍

除了瘦肉火腿片，还可以选
择培根；沙拉酱也可以根据
自己的喜好来选择。

做法

准备 —1

将米饭用筷子搅散，不
要有结块。

—2

西葫芦洗净，切去根
部，再切成薄片。

—3

西葫芦片放入煮沸的淡
盐水中焯烫 1 分钟后捞
出，沥干备用。

煎米饼 —4

将鸡蛋打入米饭中，加
少许盐。拌匀。

—5

不粘平底锅烧热，加入
花生油，将米饭用勺子
辅助，煎成两个厚约
1 厘米的圆饼，两面都
煎成金黄色。

组合 —6

苦苣洗净，去除根部和
老叶，切成 3 厘米左右
的长段。

—7

取一块煎好的米饼，平
铺上烫好的西葫芦片、
瘦肉火腿片和切好的
苦苣。

—8

接着挤上蛋黄沙拉酱，
再用另一块米饼覆盖
住，撒上少许黑芝麻，
即可。

换个装大不同
紫菜糙米巨蛋沙拉

时间
35 分钟

难度
高

总热量
572 千卡

🔥 方便携带的饭团里，包裹了满满当当的
食材，就像一个充满魔力的能量球，满足你对
味道和热量的全部需求。

主料　烤海苔 2 大张（约 30 克）
　　　糙米饭 150 克｜鸡蛋 1 个（约 50 克）
　　　牛油果 50 克｜叶生菜 30 克
　　　三文鱼 50 克
辅料　法式芥末沙拉酱（014 页）30 克｜盐少许
　　　橄榄油 1 茶匙

烹饪秘籍

1. 包好的饭团可以先放入冰箱中冷藏，冷藏 2 小时后再切开，可以让切面更加完整。
2. 糙米饭也可以换成白米饭。

做法

炒蛋 ⟶ **切备组合**

1 将鸡蛋打散，加入少许盐和 2 茶匙纯净水，搅拌均匀。

2 炒锅烧热，加入橄榄油，倒入鸡蛋液炒熟。

3 三文鱼洗净，切成边长 1 厘米的块备用。

4 叶生菜洗净，沥干后撕成小块备用。

5 牛油果去皮，取肉，切成边长 1 厘米的块备用。

6 将 1 张烤海苔平铺在保鲜膜上，中间铺上一半的糙米饭，摊成圆形；将生菜叶平铺在上（不要超过糙米饭的范围）。挤上法式芥末沙拉酱，依次将牛油果、三文鱼和鸡蛋叠放在上面。

包好定形 ⟵

7 剩余的糙米饭铺在保鲜膜上，整形成略大一些的圆饼，兜住保鲜膜，翻过来盖在沙拉上，轻压边缘，注意不要露出沙拉。

8 将烤海苔向上包起，再取另一张烤海苔，边缘沾上纯净水，利用保鲜膜将整个饭团包裹起来，一定要包裹得足够紧实。包好后从中间切开，即可看到漂亮的饭团沙拉切面。

可以做主食的蛋糕
纤维蔬菜磅蛋糕

时间	难度	总热量
60 分钟	中	844 千卡

 芦笋含有丰富的粗纤维，再加上多种蔬菜，营养全面。

主料　低筋面粉 120 克｜奶酪粉 50 克｜鸡蛋 2 个｜芦笋 50 克｜胡萝卜 50 克｜甜椒 50 克
　　　圣女果 30 克｜西葫芦 30 克
辅料　色拉油 70 克｜牛奶 70 毫升｜泡打粉 5 克｜盐 1 茶匙｜洋葱粉 1 茶匙｜黑胡椒碎 1/4 茶匙

做法

切备

1 芦笋切去老根，胡萝卜切粒，甜椒切粒。

2 圣女果对半切开，西葫芦切薄片，作为表面装饰使用。

混合原料

7 将切好的胡萝卜粒、甜椒粒放入面糊，翻拌均匀。

8 将一半面糊倒入模具，铺上整根芦笋。倒入剩余面糊，轻轻振动模具，排出面糊内的气泡。

9 表面装饰圣女果和西葫芦片。

制作面糊

3 烤箱180℃预热。磅蛋糕模具垫烘焙纸。

烤制

4 低筋面粉过筛，加入泡打粉、奶酪粉、洋葱粉拌匀。

10 放入烤箱，烘烤60分钟。取出后立刻脱膜，放在烤架上放凉即可。

5 料理盆中磕入鸡蛋打散，加牛奶、色拉油、盐、黑胡椒碎，快速搅打至水油混合。

6 加入混合好的粉类，用刮刀翻拌至看不到面粉即可。

烹饪秘籍

1. 用圣女果装饰蛋糕时，切面向上放，方便烤干其中的汁水。

2. 虽然做一次看起来挺多步骤的，可是一条可以吃好几天，总的来说还是方便的。

拎起便当去健身
水果燕麦沙拉 +
蛋白粉绿色运动奶昔

| 时间 20 分钟 | 难度 低 | 总热量 613 千卡 |

主料 草莓 100 克 | 蓝莓 100 克
绿猕猴桃 1 个（约 100 克）
蛋白粉 15 克 | 菠菜 1 棵（约 50 克）
黄瓜 1 根（约 200 克）
即食燕麦 100 克
辅料 无糖酸奶适量

做法

制作沙拉

1 将所有蔬果洗净，草莓和去皮的绿猕猴桃切成适宜入口的大小。

2 草莓、蓝莓、绿猕猴桃放入梅森瓶中，加入即食燕麦和酸奶拌匀即成水果燕麦沙拉。

焯烫切备

3 菠菜洗净，用沸水焯烫半分钟左右，变色后捞出放凉。

4 烫熟的菠菜挤去多余的水，改刀切成小段。

5 黄瓜洗净、去皮，切成小块。

酸奶和燕麦是一对好搭档，既能给身体提供足够的能量，又不会堆积脂肪。

烹饪秘籍

菠菜含有草酸，会影响钙质的吸收，需要将菠菜焯水以破坏草酸，再榨汁饮用。

搅打

6 将菠菜与黄瓜放入料理机中，加入适量饮用水和蛋白粉，搅打均匀成奶昔。

主料　芒果 2 个（约 400 克）｜藜麦 30 克
　　　煮鸡蛋 1 个（约 50 克）
　　　橙子 1 个（约 200 克）
　　　胡萝卜 1/2 根（约 50 克）
辅料　沙拉叶适量｜油醋汁（011 页）适量

女神养成计划
芒果藜麦沙拉 +
芒果橙子胡萝卜汁

时间
45 分钟

难度
中

总热量
423 千卡

做法
煮制藜麦

1　藜麦提前用清水浸泡 2 小时备用。

2　锅中加入足量水，将藜麦煮熟后捞出，沥干。

沙拉调味

3　取 1 个芒果和 1 个煮鸡蛋，分别去皮，切成小块。

4　将切好的芒果、鸡蛋与藜麦、沙拉叶拌匀，淋上油醋汁调味，即成芒果藜麦沙拉。

制作饮品

5　另取一个芒果，去皮、去核，留下果肉；橙子和胡萝卜也去皮，切成块。

6　将芒果、橙子和胡萝卜放入料理机中，加入少许饮用水，打成果蔬汁搭配沙拉饮用。

　　藜麦被联合国粮农组织认定为唯一一种单体植物即可满足人体基本营养需求的食物。藜麦低脂、低淀粉、低热量，吸水后体积会膨胀 3 倍左右，具有很强的饱腹感。常吃藜麦可增强机体功能，延缓衰老。

烹饪秘籍

做沙拉用的芒果可以选择果肉略硬一些的，这样在切块时更容易切成好看的形状。做果汁用的芒果就可以选择果肉略软一些的，口感更好，味道也更甜一些。

营养均衡的饱腹餐
果干藜麦沙拉 +
猕猴桃雪梨汁

时间
40 分钟

难度
中

总热量
433 千卡

🔥 葡萄、蔓越莓等水果脱水后制成果干，营养物质也相对浓缩了。适量吃些果干，可以帮助人体补充膳食纤维和维生素、矿物质。在家中没有新鲜水果时，不如用果干来做这款沙拉。

主料　三色藜麦 45 克｜西蓝花 200 克
　　　猕猴桃 1 个（约 100 克）
　　　雪梨 1 个（约 200 克）
辅料　蔓越莓干 1 汤匙｜葡萄干 1 汤匙
　　　猕猴桃干适量｜沙拉汁适量

烹饪秘籍

藜麦表面有一层水溶性的皂苷，吃起来是苦的，所以需要用水浸泡一段时间，把皂苷去掉才适合下锅。

做法

煮制藜麦 ⟶ 切备果蔬

1 藜麦提前用清水浸泡过夜。

3 蔓越莓干、葡萄干和猕猴桃干用清水洗净，切成适宜的大小。

2 将泡好的藜麦放入锅中，加入足量水，煮15分钟左右，捞出沥干备用。

4 西蓝花洗净，切成一元硬币大小的小朵。

5 锅中水煮至沸腾后，下入西蓝花，烫至西蓝花变色后捞出，过凉水备用。

制作饮品 ⟵ 混合调味 ⟵

7 猕猴桃和雪梨削去外皮，将果肉切成适宜的大小。

6 将藜麦、西蓝花与各种果干混合均匀，淋上沙拉汁，即成果干藜麦沙拉。

8 把水果块放入料理机中，搅打成顺滑的果汁即可。

海陆混搭的美味
比目鱼藜麦沙拉

| ⏱ 时间 40 分钟 | 🔥 难度 中 | ☀ 总热量 371 千卡 |

🔥 比目鱼具有补虚益气的作用,还富含大脑所需的DHA成分,老人和小孩可以经常吃,健脑益智。藜麦营养丰富而全面,饱腹感强,是健身人群增肌减脂的良好选择。

烹饪秘籍

煎培根的时间应控制在1分钟左右,在培根还没有变得焦脆之前就可以关火取出,这样在制作培根卷时,培根更有弹性且不容易破裂。

主料 比目鱼 1 块(约 200 克)
藜麦 30 克 | 秋葵 3 根(约 100 克)

辅料 苦菊叶适量 | 彩椒适量
柠檬汁 1 汤匙 | 橄榄油少许
盐 1/2 茶匙 | 黑胡椒粉适量

做法

焯烫准备

1 藜麦洗净,放入锅中,加入足量水,煮15分钟左右,沥干备用。

2 苦菊叶洗净,一片片择下;彩椒洗净,改刀切成适宜入口的条。

3 秋葵洗净,放入沸水中焯至变色,捞出放凉,纵向剖开。

煎制

4 比目鱼块加入盐、黑胡椒粉、柠檬汁,腌制15分钟左右。

5 平底锅烧热,放入少许橄榄油,将比目鱼块两面煎熟。

组合

6 煎好的比目鱼放于盘中,另将处理好的藜麦、秋葵、苦菊叶、彩椒拌匀,一同摆盘即可。

🔥 相较于米饭，魔芋的热量更低也更加健康，搭配同样低卡的墨西哥玉米片，在你减肥期间又想吃零食的时候，就由这道沙拉帮你完成心愿吧。

主料 黑魔芋 200 克 | 圣女果 100 克
　　　水果黄瓜 50 克 | 墨西哥玉米片 30 克
辅料 油醋汁（011 页）30 毫升

吃多也不发胖的秘密
魔芋圣女果沙拉

🕐 时间 30 分钟 ｜ 💧 难度 低 ｜ ☀ 总热量 220 千卡

做法

切备

1 将黑魔芋洗净，切成 1.5 厘米左右的小丁。

2 圣女果洗净，沥干后对半切开后再对半切开，每个果实分成四份。

3 水果黄瓜洗净，沥干后切成 1 厘米左右的小丁。

调味组合

4 取一个沙拉碗，将切好的黑魔芋、圣女果和水果黄瓜一起放入碗中，倒入油醋汁翻拌均匀。

5 最后撒入墨西哥玉米片，即可食用。

烹饪秘籍

1. 也可以选择其他种类的蔬菜进行代替，只要是口感比较硬的都可以。
2. 黑魔芋在超市卖豆制品的冷藏货柜就可以找到。

另类的新吃法
柠香魔芋沙拉

时间
20 分钟

难度
低

总热量
114 千卡

主料 黑魔芋 200 克 | 紫甘蓝 100 克
　　　　柠檬 1/2 个（约 50 克）| 黑橄榄 8 个
辅料 油醋汁（011 页）30 毫升 | 薄荷叶 6 片

🔥 魔芋的味道本身并不独特，却因为柠檬汁的加入演绎出不同的风格。搭配紫甘蓝，一份并不单调的主食沙拉就尽现眼前。只要心思巧妙，新奇的美味就会层出不穷。

做法

切备

1 将紫甘蓝洗净，去掉老叶和根部，切成细丝备用。

2 柠檬洗净，切成厚度 2 毫米左右的薄片备用。

3 将黑橄榄对半切开，备用。

4 薄荷叶洗净，沥干后切成碎末。

制汁

5 取一个小碗，倒入油醋汁，接着放入黑橄榄，翻拌均匀备用。

组合调味

6 黑魔芋洗净，切成适口的块状备用。

7 将黑魔芋块、紫甘蓝丝和柠檬片一起放入沙拉碗中，淋上步骤 5 中的酱汁。

8 最后撒上薄荷叶末，搅拌均匀即可食用。

烹饪秘籍

选用新鲜的薄荷叶，切碎后加入沙拉中，能够提味增鲜，但不宜放太多，以免掩盖了柠檬的清香。

解馋又养眼

鸡肉鹰嘴豆沙拉

时间
1 晚 +
30 分钟

难度
中

总热量
415 千卡

主料　鹰嘴豆 50 克｜樱桃萝卜 100 克
　　　苦苣 100 克｜鸡胸肉 100 克
辅料　油醋汁（011页）40 毫升｜料酒 2 茶匙
　　　生抽 2 茶匙｜橄榄油 1 茶匙

🔥　鹰嘴豆蕴含了极为丰富的营养，配上喷香的鸡胸肉和水灵灵的小萝卜，再点缀具有特殊香气的苦苣，就是一份超级解馋又养眼的沙拉。

做法

清洗煮制 ➡️

1　鹰嘴豆用清水冲洗干净，然后用清水浸泡过夜。

2　将鸡胸肉洗净，放入碗中，加入料酒、生抽、橄榄油，腌制15分钟。

3　锅中加入清水，清水的体积是鹰嘴豆的3倍，放入鹰嘴豆，大火煮沸后转小火煮10分钟。

4　将煮好的鹰嘴豆捞出沥干，放入沙拉碗中。

煎制

5　煮豆子的时间可以用来煎鸡胸肉。平底锅烧热，放入鸡胸肉，用小火煎至两面金黄，完全熟透，稍微放凉备用。

组合调味 ⬅️

6　苦苣洗净，去除老叶和根部，切成3厘米左右长的小段。

7　樱桃萝卜洗净，沥干，去掉萝卜缨，将萝卜切成0.1厘米非常薄的圆形小片。

8　将煎好的鸡胸肉切成1厘米左右厚的薄片，和樱桃萝卜、苦苣一起放入沙拉碗中，淋上油醋汁即可食用。

烹饪秘籍

樱桃萝卜一定要切得足够薄，具有透明感，才会更容易入味。

豆子的遐想
拌杂豆沙拉

⏱ 时间 15 分钟 ｜ 难度 低 ｜ ☀ 总热量 458 千卡

🔥 有句话叫"手中有粮，心里不慌"。打开橱柜，让我们的豆子罐头做一次主角，搭配上蔬菜，淋上健康沙拉汁，几下就拌出一道完美沙拉。

主料 罐头鹰嘴豆 80 克
罐头红腰豆 80 克｜罐头白豆 80 克
黄瓜 50 克｜紫洋葱 50 克
欧芹叶 10 克

辅料 橄榄油 1 汤匙｜海盐 1/2 茶匙
黑胡椒碎 1/4 茶匙｜柠檬汁 1/2 茶匙
意式干香草碎 1/2 茶匙

做法

切备制汁

1 黄瓜洗净、切丁，紫洋葱切细丝，欧芹叶切末。

2 将橄榄油、海盐、黑胡椒碎、柠檬汁、意式干香草碎放入小碗中搅匀。

混合调味

3 大沙拉碗中放入三种豆子、黄瓜丁、紫洋葱丝、欧芹碎。

4 淋上调好的沙拉汁，拌匀即可。

烹饪秘籍

如果怕洋葱辛辣，可以将洋葱丝用清水冲洗一遍，控干后再用。

🔥 吃腻了快餐店的甜玉米沙拉，可以试试这款中西结合的改良版沙拉。筋道弹牙的小汤圆配上甜香的金黄玉米粒，给你一天满满的健康能量。

甜玉米沙拉

时间
20 分钟

难度
低

☀
总热量
446 千卡

主料　甜玉米 200 克｜小圆子 100 克
　　　青豌豆 50 克
辅料　盐少许｜橄榄油少许｜沙拉叶少许

做法

煮制焯烫

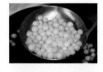
1　将小圆子煮熟，过凉水，沥干，加入橄榄油拌匀，防止粘连。

2　青豌豆过沸水焯烫，捞出放凉。

3　甜玉米一粒粒剥下，过沸水焯烫，捞出放凉备用。

混合调味

4　将所有处理好的食材和沙拉叶一起放入大碗中拌匀，加入少许盐调味即可。

烹饪秘籍

用盐调味可以带出玉米的甜味，也可以根据个人口味换成其他类型的沙拉汁。

午后点心的好选择
橙汁蜜烤红薯

🕐 时间 40 分钟

💧 难度 低

☀️ 总热量 258 千卡

🔥 橙汁能给红薯加点婉转的味道，很少的一点海盐却时刻提点味蕾。红薯里有满满的粗纤维，是保持肠道活力的好朋友。

主料 红心红薯 300 克
辅料 橄榄油 1 汤匙 | 海盐 1/4 茶匙
红椒粉 1/4 茶匙 | 橙汁 2 汤匙
蜂蜜 1 汤匙

做法

准备

1 烤箱200℃预热，烤盘垫烘焙纸。

2 红薯洗净，去皮，切长条。

3 将红薯条放入烤盘，加橙汁、蜂蜜、橄榄油拌匀。

烤制调味

4 放入烤箱中层，烤25分钟左右。

5 取出烤盘，撒海盐、红椒粉拌匀即可。

烹饪秘籍

红薯烤20分钟就熟了，喜欢软一点的，可以早点取出来。喜欢边上焦脆口感的，就再多烤一会儿。

🔥 都知道吃薯类对身体好，可是蒸一点红薯又怕麻烦。用微波炉加平底锅这种方法，烹饪一两个红薯最方便了。既缩短了烹饪时间，又保留住了更多营养。

健康食物来袭
农家杂薯

⏱ 时间 20 分钟 　　 💧 难度 低 　　 ☀ 总热量 275 千卡

主料 红薯 100 克｜紫薯 100 克
芋头 100 克

做法

清洗切备

将红薯、紫薯、芋头仔细清洗干净表面泥土。 **1**

连皮切2厘米的厚片。 **2**

加热

平放在可微波的盒子中，覆盖两层打湿的厨房纸。 **3**

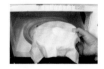
放入微波炉，高火加热5分钟。 **4**

煎制

取出杂薯，平放在不粘平底锅内。 **5**

盖盖，小火干煲。每面4分钟至表面金黄即可。 **6**

烹饪秘籍
清洗薯类外表的泥土，可以先浸泡一会儿，再戴塑胶手套搓洗。

高端不高冷，营养又美味
鸡蛋红薯藜麦沙拉

时间	难度	总热量
30 分钟	中	418 千卡

虽然全素，但是仅藜麦一种食材就可以满足人体的多种营养需求，更别提还搭配上高蛋白、低脂肪的鸡蛋和维生素含量丰富的蔬菜，瞬间就能让身体充满能量！

主料　藜麦 50 克｜红薯 100 克
　　　鸡蛋 1 个（约 50 克）｜球生菜 50 克
　　　圣女果 30 克｜胡萝卜 50 克
辅料　酸奶沙拉酱（013 页）30 克｜橄榄油少许
　　　盐少许

（013 页）

烹饪秘籍

煮藜麦时，一定要在水中加入盐和橄榄油，这样煮出来的藜麦口感会更加清爽，味道更佳。

做法

烤制

1　烤箱180℃预热；红薯洗净，去皮，滚刀切成适口的红薯块。

2　烤盘铺好锡纸，倒入红薯块，放入烤箱中上层烤20分钟。

煮藜麦

3　小锅中加入500毫升水、几滴橄榄油和少许盐，煮沸；藜麦洗净沥干，放入沸水中，小火煮15分钟。

4　将煮好的藜麦捞出，沥干后放入沙拉碗中备用。

切备

5　胡萝卜洗净、去根，切成薄片后再用蔬菜模具切出花朵形状。

6　球生菜洗净，去掉老叶，沥干后撕成适口的小块；圣女果洗净，沥干后对半切开。

7　将鸡蛋放入水中煮8分钟，关火后捞出，过凉水，剥掉外壳，用餐刀对半切开。

组合调味

8　将红薯块、胡萝卜片、生菜叶和圣女果块放入装有藜麦的沙拉碗中，拌匀，将鸡蛋放在最上面，淋上酸奶沙拉酱即可。

香香甜甜，颜值爆表
红薯核桃沙拉球

时间 30 分钟　　难度 中　　总热量 504 千卡

主料 红薯 150 克 | 花生酱 50 克 | 核桃仁 6 瓣
辅料 牛奶 30 毫升 | 酸奶沙拉酱（013 页）50 克
薄荷叶几片

🔥 到了令人困倦的下午，总要有下午茶相伴，试试这款红薯制作的漂亮沙拉，好吃又简单。

做法

制红薯泥 ⟶ 制坯

1 红薯洗净，用餐巾纸包裹一层，并将餐巾纸打湿。

2 将包裹好的红薯放入微波炉，高火加热 6 分钟。

3 取出红薯，撕去餐巾纸，并用勺子从中间捣开散热。

4 冷却后的红薯撕去外皮，取出红薯肉，加入牛奶，拌匀成可以捏成球不开裂的状态即可。

5 取大概 25 克的红薯泥，在手掌上团成球状，用另外一只掌心压扁，放入 1 茶匙花生酱。

6 将红薯泥像包包子一样捏起，收口，轻轻滚圆。

装盘点缀 ⟵

7 将红薯花生团放在沙拉盘中，在最上方放上核桃仁。

8 将酸奶沙拉酱淋在红薯核桃球上，用薄荷叶点缀，即可食用。

烹饪秘籍

花生酱也可以用炼乳来代替，可以依据个人口味来选择。

蔬果的完美搭配
苹果紫薯沙拉盏 +
苹果枇杷汁

时间	难度	总热量
35 分钟	中	213 千卡

🔥 紫薯的绵软，配上苹果的脆爽，再点缀一些西芹碎粒和香浓的沙拉酱，调和均匀后别有一番幸福的滋味。紫薯和苹果均富含膳食纤维，可促进肠道蠕动，通便排毒。

主料 紫薯 1 个（约 100 克）
　　　苹果 1 个（约 200 克）
　　　枇杷 3 个（约 100 克）
辅料 西芹 1 片｜沙拉酱少许

做法

切备紫薯

1 紫薯洗净后，纵向剖成两半。

2 将紫薯放入锅中蒸熟后取出，将紫薯肉挖出，外皮留下作为紫薯盏备用。

混合装填

3 苹果去皮、去核，取一半果肉，分别和西芹、紫薯肉切成大小差不多的丁。

4 拌入少许沙拉酱，将苹果紫薯西芹搅拌均匀。

5 用勺子将沙拉填入紫薯盏中，即成苹果紫薯沙拉盏。

制作饮品

6 枇杷去皮去核，和剩余的半个苹果一起搅打成果汁即可。

烹饪秘籍

挖紫薯肉时，外皮上最好保留0.5厘米左右厚的紫薯肉，这样紫薯盏才有支撑力，填入沙拉后不会塌陷。

蓝莓山药是常见的组合搭配，非常开胃好吃，只需要稍稍改动做法，就能演绎出另外一种不同的风格。

蒸山药果酱沙拉

(☽) 时间 40 分钟
(✺) 难度 低
(✹) 总热量 381 千卡

主料 铁棍山药 200 克 | 新鲜蓝莓 100 克
牛奶 50 毫升

辅料 蓝莓果酱 50 克
酸奶沙拉酱（013 页）100 克

做法

制山药泥

山药洗净、去皮，上锅蒸 20 分钟。 **1**

将蒸熟的山药取出放入碗中，用勺背将其碾压成泥。 **2**

搅拌点缀

在山药泥中加入酸奶沙拉酱，接着一边加入牛奶一边进行搅拌。 **3**

将蓝莓果酱淋入牛奶山药泥中。 **4**

最后点缀上蓝莓果实即可食用。 **5**

烹饪秘籍

铁棍沙拉蒸出来的口感会比较软糯，吸水能力也更强。添加牛奶时要少量多次，一边观察一边添加，不可使山药泥过软。

椰香阵阵

椰蓉烤土豆沙拉

时间
45 分钟

难度
中

总热量
167 千卡

主料　小土豆 4 个（约 200 克）
　　　沙拉叶 100 克
辅料　盐 1/2 茶匙｜椰子油 2 汤匙｜黑醋少许
　　　椰蓉少许｜现磨黑胡椒粉少许

🔥　椰蓉是用新鲜的椰子肉烘干制成的食材，具有特殊的奶油芳香。椰蓉中含有糖类、蛋白质、维生素及钾、镁等人体必需的元素，可以滋润皮肤、驻颜美容。

做法

切备浸泡 —1

小土豆洗净去皮，在底部切一刀，使土豆可以放平。

—2

然后在土豆正面均匀地切成风琴片，注意底部不要切断。

—3

切好后的土豆放入清水中浸泡2分钟左右，然后捞出沥干。

烤制土豆 —4

将小土豆放入烤盘中，刷上一层椰子油。

—5

在小土豆上均匀地撒上盐和现磨黑胡椒粉，放入烤箱，200℃烤制25分钟左右。

—6

取出后再刷上一层椰子油，然后撒上椰蓉，再放入烤箱烤制10分钟。

混合调味 —7

将沙拉叶与少许椰子油、黑醋拌匀。

—8

取出烤好的土豆，和拌好的沙拉叶一同放入盘中即可。

烹饪秘籍

切风琴土豆时，可以在土豆的两侧各摆上一根筷子，这样可以保证在切每一刀的时候都不会切断。

换口味的中式沙拉

小米辣土豆沙拉

时间
45 分钟

难度
中

总热量
166 千卡

主料 土豆 1 个（约 200 克）
　　　水芹菜 100 克
辅料 食醋 1 汤匙｜生抽 1 汤匙｜蒜 2 瓣
　　　小米辣适量｜盐适量｜熟白芝麻适量

🔥 在菜品中添加适量小米辣可起到提升食欲、杀虫的作用。辣椒中的辣椒素能够促进人体的新陈代谢，有助于减肥。

做法

切备煮制 ➜ 混合调味

1 土豆洗净，削去外皮，用刮刀将土豆刮成薄片。

2 将土豆片放入淡盐水中浸泡10分钟左右，期间换两次水，尽量洗去多余的淀粉。

3 锅中加入清水煮沸，放入土豆片煮1分钟后立刻捞出。
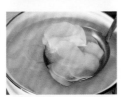

4 烫好的土豆片用凉水多冲洗几次，然后放入冰箱冷藏半小时左右继续降温。

5 水芹菜洗净，将芹菜梗和叶子一起切成2厘米左右的小段。

6 小米辣和蒜切成细末，加入盐、食醋和生抽拌匀，调成醋蒜汁。

7 将土豆片取出，控干多余的水，然后与水芹菜混合均匀。

8 把调好的醋蒜汁淋在沙拉上，再撒适量熟白芝麻即可。

烹饪秘籍

清洗土豆时可以在清水中加入1茶匙盐，通过多次浸泡和清洗可以去掉一部分淀粉，这样处理过的土豆片口感更加脆爽。

属于自己的健康小零嘴
香草烤薯角

时间
60 分钟

难度
中

总热量
243 千卡

主料 土豆 300 克
辅料 橄榄油 1 汤匙 | 海盐 1/2 茶匙
黑胡椒碎 1/2 茶匙 | 红椒粉 1/2 茶匙
新鲜迷迭香 2 根

⚡ 土豆既可以当菜，又可以当主食，是营养易做的好食材。烤好的薯角，边缘金黄焦脆，内里酥松绵软。少油烹饪怎么做都好吃，当作零嘴也很健康。

做法

切备调味 ➡ 烤制

1 烤盘铺烘焙纸，烤箱 200℃预热。

2 用百洁布粗糙的一面将土豆刷洗干净。迷迭香洗净，掰成段。

3 将土豆均匀地切分成一角一角的形状。

4 把切好的土豆放入烤盘，加橄榄油、海盐、黑胡椒碎、迷迭香，抓匀。

5 放入烤箱中层，烤30分钟左右，烤至薯角的边缘呈焦黄色。

6 取出后撒红椒粉即可。

烹饪秘籍

1. 新鲜的迷迭香可用干迷迭香碎代替，只需在土豆快烤好时拌入即可。

2. 在烤盘里拌一拌，烤箱里烤一烤，撤掉烘焙纸，连烤盘都不用刷。

丰收季节里的美味
南瓜泥鸡胸肉沙拉

时间
35 分钟

难度
中

总热量
516 千卡

主料　南瓜 300 克｜鸡胸肉 1 块（约 300 克）
　　　葡萄干 1 汤匙（约 15 克）
辅料　盐少许｜料酒 1 汤匙｜现磨黑胡椒少许
　　　苦菊叶少许

🔥　秋季，南瓜是餐桌上的常客。南瓜含有丰富的钴元素，钴能活跃人体的新陈代谢、促进造血功能并参与人体内维生素B$_{12}$的合成，是人体胰岛细胞所必需的微量元素。

做法

制南瓜泥 ➡️ ## 搅拌

1 南瓜去皮去子，切成小块后上锅蒸熟。

2 南瓜蒸熟后取出，用勺子压成南瓜泥。

3 葡萄干用温水洗净泡软，择去顶部的小蒂后切成小粒。

4 将葡萄干与南瓜泥拌匀，在盘中堆成圆柱形。

组合 ⬅️ ## 汆烫清洗 ⬅️

8 将鸡丝和苦菊叶放于南瓜泥上，撒上少许现磨黑胡椒即可。

5 鸡胸肉冷水入锅，加入少许盐和料酒煮熟，至用筷子可以轻易插穿，且没有血水流出就可以了。

6 煮好的鸡胸放入冷水中，待凉后捞出，沥干，撕成均匀的鸡丝。

7 苦菊叶洗净，撕成小片。

烹饪秘籍

制作南瓜泥时不需要搅打得特别顺滑，用勺子压制南瓜泥可以保留一些颗粒感，这样不仅口感更丰富，南瓜的膳食纤维也更完整。

整个美味端上桌
烤小南瓜

🕐 时间
50 分钟

🍖 难度
低

☀ 总热量
92 千卡

🔥 能整个烹饪，就不切碎，制作上特别简单，还能最大限度地保留营养，真是懒人有懒福啊。

主料 贝贝南瓜 1 个
辅料 橄榄油适量

做法

准备

1 贝贝南瓜洗净，擦干后切掉顶部。

2 烤盘铺锡纸，放入南瓜，在南瓜表面淋橄榄油并涂抹均匀。

烤制

3 将烤箱的烤网调至下层，放入烤盘。

4 烤箱温度设置180℃，烤40分钟即可。

烹饪秘籍

南瓜外皮很硬，特别不好切开，所以选小南瓜整个烤，安全又好吃。

滋润补水

味道清新的家常汤
黄瓜片汤

时间 15 分钟 ｜ 难度 中 ｜ 总热量 135 千卡

主料　黄瓜 1 根｜圣女果 4 个｜鸡蛋 1 个
　　　榨菜 20 克
辅料　油 1 茶匙｜香油 1/4 茶匙
　　　香菜 10 克

做法

准备

1 黄瓜洗净，用刮皮器刮成长条。

2 圣女果洗净，对半切开；香菜洗净，切末。

炒蛋

3 鸡蛋磕入碗中，加香油充分打散。

4 炒锅烧热，放油，放入榨菜煸炒出香味。

混合煮汤

5 加600毫升清水，放入圣女果烧开，中火煮5分钟。

6 转大火，将蛋液沿着筷子转圈淋入汤锅。

7 待蛋液定形，放入黄瓜片、香菜末即可关火。

🔥 这是一款清淡却不失滋味的家常基础汤，带有清香的气息。用点小心思，让榨菜给黄瓜汤加点回味，轻轻松松便做出美味的快手汤。

烹饪秘籍

黄瓜选嫩一点的，中间子少，刮出来的片比较完整。

🔥 虾干鲜甜有嚼劲，萝卜清脆、水分足，将这两样食材放在一起，既鲜美又和谐。

🕐 时间 15 分钟　　🥄 难度 低　　☀ 总热量 78 千卡

主料　青萝卜 100 克 | 大虾干 2 个
辅料　油 1 茶匙 | 盐 1/2 茶匙
　　　胡椒粉 1/4 茶匙

做法

准备

虾干用温水泡软，去壳，擦干。 1

青萝卜洗净、去皮，擦成细丝。 2

煮汤

炒锅烧热，放油，放入虾干煸炒出香味。 3

加 600 毫升清水烧开，中火煮 5 分钟。 4

混合调味

放入萝卜丝煮软。 5

加盐、胡椒粉调味即可。 6

烹饪秘籍

将辛辣的萝卜外皮多去掉些，汤味更清甜。去掉的萝卜皮可以腌个小菜。

177

心情像花儿一样盛开
番茄杂蔬汤

时间
30 分钟

难度
低

总热量
89 千卡

主料 去皮番茄罐头 100 克｜菜花 40 克
西芹 40 克｜土豆 40 克
洋葱 40 克｜胡萝卜 40 克

辅料 油 1 汤匙｜盐 1/4 茶匙
黑胡椒碎 1/4 茶匙
牛肉高汤块 1/2 个

吃大量蔬菜有利于补充多种维生素，给身体提供丰富的营养。利用百搭的番茄打底，将多种蔬菜就这么简简单单地一煮，一碗高颜值的蔬菜汤，营养美味全收获。

做法

混合炒制 ⟶

1 所有蔬菜洗净，切成大小一致的块。

2 高边汤锅烧热，放油，将蔬菜块放入翻炒出香味。

调味煮制

3 加入去皮番茄罐头和清水600毫升烧开，放入高汤块。

4 中小火煮15分钟至土豆熟透。

5 加盐、黑胡椒碎调味即可。

烹饪秘籍

如果使用新鲜的番茄代替番茄罐头也可以，要挑选熟透的做汤会比较好。

细滑温润，营养尽享
南瓜羹

⏱ 时间
30 分钟

🔥 难度
低

☀ 总热量
74 千卡

主料 黄南瓜 250 克｜胡萝卜 50 克

🔥 一碗温暖的南瓜羹下肚，整个人都滋润起来。纯纯的南瓜羹，只添加胡萝卜同煮，丰富的β-胡萝卜素是护眼的小帮手。

做法

准备 ➜ **混合煮制**

1 将南瓜表面刷洗干净，去掉表面硬皮，胡萝卜洗净、去皮。

2 南瓜和胡萝卜切成大小均匀的小块。

3 在汤锅内加入南瓜块、胡萝卜块、250毫升清水。

4 大火烧开，盖盖，转小火煮15分钟，至南瓜软糯。

5 用手持料理棒在锅中将南瓜打成细腻的糊即可。

烹饪秘籍

南瓜煮好以后，稍微放凉，放入料理机里打成糊也可以。

優质食材造就一碗好汤
青菜鱼丸竹荪汤

⏱ 时间 15分钟	🔥 难度 低	☀ 总热量 281 千卡

🔥 竹笋很适合炖汤。一碗简单的汤，汇集山珍海味，既大饱口福，又营养全面。还有个小秘密：可以用西班牙火腿作为提鲜的火腿哦！

主料 冻鱼丸 100 克 | 竹荪 30 克
金华火腿 30 克 | 油菜心 30 克

辅料 盐 1/4 茶匙 | 鸡粉 1/4 茶匙

做法

准备

1 竹荪用清水泡发，切段。

2 油菜洗净，取嫩叶；火腿切丝。

煮汤

3 汤锅加清水600毫升煮沸。

4 下鱼丸、竹荪、火腿丝、鸡粉，中火煮5分钟。

混合煮熟

5 汤锅内加盐调味。

6 放入小油菜叶稍煮，即可关火。

烹饪秘籍

想要食材浮在汤面上，可以用水淀粉勾薄芡。

主料　冻牛肉丸 100 克│韭黄 30 克
　　　酸菜 20 克│野山椒 10 克
辅料　油 1 茶匙│盐 1/2 茶匙
　　　白砂糖 1/2 茶匙│白醋 1 汤匙
　　　白胡椒粉 1/2 茶匙│淀粉 2 茶匙

火辣热烈，滋味生动
酸辣牛丸汤

🌙 时间 20 分钟　🔥 难度 中　☀ 总热量 152 千卡

做法

准备

1 酸菜切大片，韭黄洗净、切段。

2 淀粉放入小碗，加少许清水调成水淀粉。

调味煮汤

3 炒锅烧热，放油，放酸菜、野山椒炒香。

4 倒入600毫升清水烧开，加入牛肉丸，中火煮熟。

5 挑出酸菜不要，加盐、白砂糖调味。

勾芡调味

6 转大火，倒入水淀粉勾薄芡。

7 将切好的韭黄加入稍滚，淋白醋，撒白胡椒粉即可关火。

🔥 野山椒的酸辣，酸菜的鲜爽，再加一把韭黄来提味。辣得够香，酸得够劲。

烹饪秘籍

可以选择潮汕冻牛肉丸，煮熟后弹牙爽口。

金色莲花处处开
牛奶南瓜汁

⏱ 时间
15 分钟

🥄 难度
低

☀ 总热量
94 千卡

主料 南瓜 100 克
脱脂牛奶 200 毫升

🔥 南瓜中的果胶有很好的吸附性，能吸附和消除体内的有害物质，起到排毒的作用。脱脂牛奶则高蛋白低脂肪，适合有增肌减脂需要的人群。

做法

切备煮制 ━━━━━➤ 混合搅打

1 南瓜洗净，去皮、去子，将南瓜肉切成小块。

2 锅中加入适量清水，将南瓜块煮至软烂。

3 将南瓜块与适量煮南瓜的水一同放入料理机中，搅打均匀。

4 加入脱脂牛奶，再次搅打均匀。可以将牛奶加热或冷藏过后再放入，根据个人喜好做成热饮、冷饮皆可。

烹饪秘籍

煮过的南瓜水分含量较高，更适合做成饮料。也可以将南瓜蒸熟，适当调整牛奶和水的用量做成南瓜羹。

香于酪乳浓于茶
蛋白粉玉米奶

时间
15 分钟

难度
低

总热量
379 千卡

主料　甜玉米 200 克
　　　　蛋白粉 15 克
　　　　牛奶 200 毫升

玉米胚芽中富含亚油酸等多种不饱和脂肪酸，有保护脑血管和降血脂的作用。牛奶富含蛋白质及钙，两者搭配，可健脑养脑、增强记忆力。蛋白粉则是健身人群增长肌肉的必选营养品。

做法

混合搅打

1　甜玉米剥去外皮洗净，将玉米粒剥下。

2　将玉米粒和牛奶倒入料理机中，搅打均匀。

煮制

3　打匀的玉米奶倒入小汤锅中，中小火煮至微微沸腾。

4　倒入蛋白粉后关火，搅拌均匀即可。

烹饪秘籍

新鲜的甜玉米和水果玉米纤维较少，打成玉米汁后渣滓较少，口感也更好。尽量避免选择老玉米制作这款饮料。

清润美肌
鲜百合雪梨汁

⏱ 时间
15 分钟

🥄 难度
低

☀ 总热量
470 千卡

主料　鲜百合 2 头（约 200 克）
　　　雪梨 1 个（约 200 克）
辅料　冰糖少许

🔥　百合除含有蛋白质、钙、磷、铁和维生素等营养素外，还含有多种生物碱，有防癌抗癌、养心安神、润肺止咳、促进血液循环及美容润肤等食疗功效。

做法

切备 ➞ 混合煮制

1 鲜百合洗净，去掉两端发黑的部分后一片片剥下备用。

2 汤锅中加入少许清水，放入鲜百合和冰糖一同熬煮5分钟左右。

3 雪梨洗净后，去皮、去核，将果肉切成大块。

4 将煮好的冰糖百合水放凉，与雪梨果肉一同放入料理机中，搅打均匀即可。

烹饪秘籍
百合和雪梨都是具有清热润肺功效的凉性食材，胃寒者可将雪梨果肉与百合一同先熬煮至软烂，再搅打成汁。

夏季养胃冬季暖心
时令水果红茶

⏱ 时间
20 分钟

难度
低

☀ 总热量
124 千卡

主料　雪梨 1/2 个（约 100 克）
　　　油桃 1 个（约 50 克）
　　　山楂 3 个（约 30 克）
辅料　红茶包 1 袋 | 冰糖少许

🔥　红茶可以帮助肠胃消化、促进食欲，维持体内酸碱平衡。红茶中的多酚类物质可以抵御紫外线，有助于肌肤美白。中医认为，红茶性温，适合冬天饮用。

做法

切备 ━━━━━━━━→ **混合煮制**

1 雪梨和油桃洗净，将雪梨削去外皮，油桃去核。将雪梨和油桃改刀切成小块备用。

2 山楂洗净后对半切开，挖去山楂子。

3 锅中放入适量水，加入水果大火煮开。

4 水沸后转小火慢炖10分钟，加入冰糖和红茶包后继续煮2分钟后关火即可。

烹饪秘籍

可以根据季节选择不同的时令水果搭配，如果选择的水果本身糖分较高，可以适量减少或去掉冰糖。

青春变奏曲
渐变色珍珠思慕雪

| ⏱ 时间 40分钟 | 🔥 难度 高 | ☀ 总热量 382 千卡 |

🔥 红心火龙果含有大量花青素，它能够保护人体免受自由基的损伤，还能增强血管弹性，改善循环系统并增进皮肤的光滑度，延缓衰老。

烹饪秘籍

搓好的珍珠圆如果一次性吃不完，可以多撒一些木薯粉，然后放在冰箱中冷冻保存，每次取出要吃的量煮熟即可。

主料	冻酸奶 200 克
	红心火龙果 1/2 个（约 100 克）
	木薯淀粉 50 克
辅料	草莓适量｜白糖 20 克

做法

煮制圆子

1 将白糖与清水按照 1:2 的比例搅拌均匀，至白糖完全溶化。

2 将糖水逐渐倒入木薯淀粉中，和成面团。

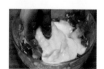

3 木薯面团揉匀后，取豌豆大小的面团揉搓成小圆球（即珍珠圆）备用。

4 在锅中加入足量水煮沸，下入珍珠圆煮熟后捞出，放于冰水中备用。

混合搅打

5 火龙果取果肉，和草莓分别切成适宜的大小。

6 先将火龙果肉和一半冻酸奶放入料理机中搅打均匀，然后倒入杯中1/2处。

7 再取草莓果肉和剩余一半冻酸奶打匀，也倒入杯中。

8 将冰镇凉的珍珠圆取出沥干，放于思慕雪杯中就可以了。

木瓜中含有丰富的胡萝卜素和维生素C，它们有很强的抗氧化能力，可以增强人体的免疫力。橙子味道清新，具有生津止渴、提神醒脑的作用。酸奶则含有益生菌，可调节肠道菌群平衡，抑制腐败菌产生的毒素。

提神醒脑好清新
香橙木瓜思慕雪

时间
20 分钟

难度
中

总热量
188 千卡

主料 木瓜 80 克 | 橙子 1 个（约 200 克）冻酸奶 100 克

做法

准备

1 木瓜洗净，去皮去子。取一小部分木瓜肉，用模具刻出花朵形状，并切成薄片。

2 其余的木瓜果肉切成小块备用。

3 橙子剥去外皮和果肉外白色的薄膜，留下果肉。

搅打混合

4 将橙子果肉与冻酸奶一同放入料理机中，打成冰沙状。

5 把花朵形木瓜果肉贴在杯壁上，放入1/4杯搅成果泥的木瓜。

6 缓缓倒入橙子冰沙即可。

烹饪秘籍

将思慕雪倒入杯中时，动作一定要轻柔，防止将贴在杯壁上的水果片冲掉。

187

一杯点亮好心情
红心火龙果茶

时间	难度	总热量
15 分钟	中	120 千卡

🔥 红心火龙果中花青素含量较高，它具有抗氧化、抗衰老的作用。火龙果是一种低能量、高膳食纤维的水果，其水溶性膳食纤维含量非常丰富，可以减肥、排毒、润肠。

主料　红心火龙果 1 个（约 200 克）
辅料　茉莉花茶少许｜蜂蜜少许
　　　矿泉水 1 瓶

做法

准备

1 将茉莉花茶放入茶壶中，倒入矿泉水，盖紧盖子，放入冰箱中冷藏过夜。

2 火龙果挖出果肉，切成适宜的大小。

混合搅打

3 将火龙果肉放入料理机中，调入少许蜂蜜，打成均匀的果泥。

4 将火龙果泥铺于杯底，倒入冷萃茉莉花茶即可。

烹饪秘籍

茉莉花茶可以替换成其他种类的绿茶茶包，冷萃过后的绿茶即时饮用非常提神醒脑。

🔥 荸荠具有清热解毒、凉血生津的作用。百合含有秋水仙碱等多种生物碱，对气候干燥引起的季节性疾病有一定的防治作用。这款荸荠百合饮色洁白、味甘甜，有养心安神的功效。

琼浆甘露
荸荠百合饮

🌙 时间
15 分钟

🔥 难度
中

☀ 总热量
221 千卡

主料 荸荠 100 克 | 鲜百合 1 头（约 100 克）
辅料 冰糖少许

做法

准备

荸荠削去外皮，切成小块。 1

百合用剪刀剪去破损的地方，一片片掰下来，用清水浸泡备用。 2

煮制调味

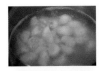
锅中加入适量清水，放入荸荠大火煮沸。 3

水沸后加入冰糖，转小火继续慢煮5分钟左右。 4

放凉搅打

将百合片沥干，关火后下入锅中，盖上盖子，放至室温。 5

将荸荠百合捞出，放入料理机中，再倒入适量汤汁，搅打成荸荠百合饮。 6

烹饪秘籍

鲜百合是秋季的应季食材，其他季节中可以使用干百合来制作这款饮料。取适量干百合，用清水浸泡2小时左右就可以使用了。

滋阴养颜，赏心悦目
星空银耳

时间
80 分钟

难度
中

总热量
40 千卡

190

主料　干银耳 20 克
辅料　石蜂糖适量｜黑枸杞子少许
　　　桂花少许

🔥　想要皮肤好，银耳少不了。银耳中含有天然植物性胶质，长期服用可以起到润肤、祛斑的作用。黑枸杞子含有大量花青素，可以对抗自由基，延缓衰老。在健身之后食用这款饮品，可增强饱腹感，有助于消脂塑形。

做法

泡发清洗

1　银耳用清水提前浸泡
　　2小时左右，使银耳
　　吸饱水分膨胀。

2　将银耳撕成小片，尽
　　量撕得小一些，更容
　　易炖烂。

煮银耳

3　将银耳放入锅中，大
　　火煮沸后转中小火慢
　　炖1小时左右，将银
　　耳的胶质炖出。

混合调味

4　将石蜂糖砸碎，铺在
　　杯底，然后放几朵桂
　　花作为点缀。

5　缓缓加入炖好的银
　　耳，然后在顶端放入
　　几颗黑枸杞子。

6　黑枸杞子泡出颜色
　　后，用小勺或吸管轻
　　轻将黑枸杞子往下戳
　　一戳，会形成晕染的
　　层次感。

烹饪秘籍

这款饮料要趁银耳温热时完成，低温无法化开石蜂糖，黑枸杞子也不能泡出漂亮的颜色。

图书在版编目（CIP）数据

萨巴厨房. 简单减肥餐，好吃不反弹 / 萨巴蒂娜主编. —北京：中国轻工业出版社，2022.7

ISBN 978-7-5184-3956-0

Ⅰ.①萨… Ⅱ.①萨… Ⅲ.①减肥—食谱 Ⅳ.① TS972.12

中国版本图书馆 CIP 数据核字（2022）第 060999 号

责任编辑：胡 佳　　　　责任终审：劳国强　　整体设计：锋尚设计
策划编辑：张 弘 胡 佳　责任校对：晋 洁　　责任监印：张京华

出版发行：中国轻工业出版社（北京东长安街6号，邮编：100740）

印　　刷：北京博海升彩色印刷有限公司

经　　销：各地新华书店

版　　次：2022年7月第1版第1次印刷

开　　本：710×1000　1/16　印张：12

字　　数：200千字

书　　号：ISBN 978-7-5184-3956-0　定价：49.80元

邮购电话：010-65241695

发行电话：010-85119835　传真：85113293

网　　址：http://www.chlip.com.cn

Email：club@chlip.com.cn

如发现图书残缺请与我社邮购联系调换

211543S1X101ZBW